自装　不翻车
MAD ABOUT THE HOUSE:

家庭装修的101个基本
101 INTERIOR DESIGN ANSWERS

〔英〕凯特·沃森－史密斯　著

红霞　译

Kate Watson - Smyth

北京联合出版公司
Beijing United Publishing Co.,Ltd.

I

你的家，你的故事
Your Home, Your Story

II

布局与地板
Layout & Flooring

III

涂料与装饰
Painting & Decorating

IV

窗户与门
Windows & Doors

V

固定设施与家具陈设
Fixtures & Furnishings

VI

照明
Lighting

VII

厨房与餐厅
Cooking & Dining

VI

VII

休闲区与工作区
Lounging & Working

IX

浴室和卧室
Bathing & Sleeping

你的家，你的故事

Your Home, Your Story

　　我写室内设计相关文章已经20年了，已经为客户设计家装十余年。几年前，我去拜访一位客户，帮助她为房子做最后的装饰……

　　我在她家待了近三个小时，查看了所有的房间，看看她已经做了哪些工作、哪里还需要帮助或建议。我们讨论如何使用每个空间，以及还缺少些什么。我将讨论的内容总结成一个报告，囊括了我们讨论的所有内容，也包括照片，以便给她灵感。报告还包括她可能需要的各种物品的链接，每一件都有很多备选。几个星期后，我收到一封她发来的电子邮件。邮件里写到，咨询内容"非常"有帮助，她知道自己现在需要什么，并且计划着手购买。然而，她还是忍不住指出，她有点失望。

　　我开始有些紧张。"我不知道我家的风格是什么，所以我对你的服务并不是完全满意。"她写道。我不再紧张了。我盯着窗外思考了一会儿，回复道："你家的风格是现代田园风。"几分钟后，我的邮箱提示音又响了："非常感谢。你给予的帮助非常大，能完成房子最后的装饰，我非常兴奋。我会把你推荐给其他人。"读完邮件，我不禁开始思考，我们真的需要属于某个群体才能有归属感吗？我们真的需要找到自己的家居风格才能真正享受我们所创造的空间吗？

　　现在，我的答案是否定的，显然不是。也许吧……然而，在网购如此发达的今天，给自己的风格贴上某个标签，就可以在网上买到任何想要的东西。你想要复古梳妆台，还是现代田园餐桌？你的客厅是乡村休闲风格，还是都市魅力风格？我花了数小时寻找某个东西，然而，当我明白自己真正需要的是另一种东西时，我才发现后者多得惊人。的确，知道自己的家居风格才能找到自己的归属，至少能够找到属于自己风格的沙发。

我在上一本书里详细讲述了这一话题，而这本书是更为实用的操作指南。对没有看过第一本书的读者来说，上一本书也值得一读。知晓自己的家居风格意味着你可以买得更少，因为你会买得更好。知晓自己的家居风格也可以帮你省钱，因为你不会犯错误。此外，这还意味着整个家看起来会更加协调（每个星期都有人问我这个问题），因为你买的物品属于同一色系、同一风格，所有物品都搭配得很好。（这并不是说一个整体色调柔和的房间里不能摆放霓虹抱枕，而是要在多个地方摆放霓虹色的物品，否则看起来会有点突兀。）一旦形成自己的家居风格，所选的一切物品都会让你感到舒适，你的家也就自然而然地讲述着住户的故事。家里的布置看起来经过深思熟虑，这个听起来有些时髦的有关家居设计的说法，其实就是在说，如何布置房间、购买哪些物品，都要经过认真思考。

房子最让人喜欢的一点，就是一走进房间，你就知道它属于谁。然而，有自己的家居风格，并且所有的物品都是根据这一风格选择的，是不是就意味着不能任意追逐时尚潮流呢？请继续读下去吧。

关于潮流的二三事，
以及关于可持续发展的一些思考

我该追逐潮流吗？这是我最常被问到的问题。简单的回答是——不。我们不必追逐潮流，我们应该只买自己钟爱并且会一直钟爱的物品。

详细一点的回答是，我们大多数人在一定程度上都会跟随潮流，特别是因为在某些特定的时间可供选择的东西有限。谁没在周围都是灰色和黑色时买过深蓝色的运动衫？谁又不曾注意到商业街橱窗里的服装颜色几乎相同呢？（如果想买点不一样的，不愉快的事情可能会发生在你身上。）

与人们的普遍观念有所不同，家居设计行业的潮流比时尚潮流变化得慢很多。某种家居时尚潮流一般源自杂志，之后一些早期尝试者（通常是室内设计师和所谓的社交媒体"网红"）在自己家中尝试，并且在社交媒体上展示。请记住，这在一定程度上是因为他们比其他人更早地注意到家居时尚。逐渐地，这种家居时尚会走出纸媒和数字页面，走进某个你熟识的人家中。就这样，这种家居时尚开始流行起来。

在米兰看到的东西可能好几年之内都不会出现在米尔顿·凯恩斯[1]，但最终会出现的。

金伯利·杜兰（Kimberly Duran）根据埃弗雷特·罗杰斯（E.M.Rogers）[2]的创新

---

1. 英国英格兰中部城镇，是英国的经济重镇，东南距离伦敦 80 公里，曾经是个名不见经传的小村庄。——编注
2. 美国当代著名传播学学者之一，开创了传播学的一个新兴分支领域——发展传播学，著有《传播学史》《创新的扩散》等。——编注

扩散理论，在Swoon Worthy[1]上的博客中将潮流的起落比作钟形曲线。她说，这也就意味着设计师、创新者和潮流引领者（大概2.5%的人群）最早使用某种材料、颜色或者抛光材料。随后，早期接受者（大概13.5%的人群）会跟风使用。

而大部分人会属于以下这两种，事实上，大概68%的人都属于这两种人。第一种是"早期大多数"，当潮流开始流行，这些人就会紧随其后。他们也许是看到自己最喜欢的博主发布了相关的帖子，也许是看到照片墙（Instagram）上铺天盖地都是相关内容。当潮流到达顶峰，"末期大多数"也会追随。他们看到从拼趣（Pinterest）[2]到本地大型超市，到处都是流行元素，于是决定也加入其中。

位于曲线末端的就是"潮流迟钝者"（大概占16%），这些人基本上忽视潮流。只有当流行元素充斥整个市场并且价格开始回落时，他们才会考虑购买流行元素。不同潮流起落的时间（也就是一种潮流的整个生命周期）差异很大。金伯利说，正常情况下，潮流到达顶点越快，衰落得也越快。同时，潮流被大多数人接受所需要的时间越长，过时所需要的时间就越长。知道这些知识非常重要。

别忘了，如果商家看到某样商品卖得很好，他们会增加这种商品的库存。这就是为什么有人在"千禧粉"[3]实际还在盛行时就声称其"过时"了，因为当时趋势正滑向钟形曲线的另一边。但是，人们仍旧可以在商店里发现它，有人仍旧在买桃粉色的东西。它根本没有"过时"。只是一些像杂志和Instagram用户这样的早期尝试者发现了其他让他们心动的东西。因此，另一种与之不同的潮流开始流行。

钟形曲线也解释了为什么铜色流行了六年之久依旧没有过时。早期接受者甚至

1.英国家居网站，上文提到的金伯利·杜兰是其创始者。——编注
2.美国的照片分享网站。——编注
3.实际上是一系列粉色的总称。——编注

是"早期大多数",在"潮流迟钝者"赶上来时,已经前进了三次——追随不同的潮流。因此,当铜色被重新命名为"玫瑰金"时,它获得了第二次生命,所有人再次为之疯狂。

与潮流交织在一起的是可持续发展问题和"一次性"文化的危害。如今,无节制地购物无疑是不值得推崇的。我们应该选择正确的物品,出于对这些物品的喜爱,我们一直同这些物品生活在一起;而不是用了一年后,因为有人说它们过时了便将它们处理掉。

然而,这并不是说我们不能更换周围的物品。我有一箱夏装,只在每年去沙滩度假时穿两个星期。其中大部分衣服已经有十年的历史,每个假期前我都会往里面添几件——通常在大减价时才买。这些衣服已经存在很多年了,因为我知道我的风格,也不会经常穿它们。在家居设计上,我们也可以使用相同的策略。例如,不必更换所有的家具,只是根据流行趋势更换一下靠枕,就能改变房间的样貌,制造新鲜的感觉。

　　在所有的选择上都注意可持续发展的问题很难，但是我们可以在观念上更警惕，并且从小的改变开始。我有三张沙发：一张是新买的；一张是曾祖母留下来的，在我的印象中已经翻新了三次；还有一张是在二手店里买的——作为丈夫40岁的生日礼物，它也被翻新过。后面这两张沙发算是从垃圾堆里救回来的，放在家中却别具特色。

　　我们不可能一直注意可持续发展的问题，但是我们可以加强这方面的意识。在开心购物的同时，也可以思考所购买的商品来自哪里。这并不是说要忽视潮流，而是要对自己的风格和购买的物品有足够的信心，不会因忽略了潮流而感到紧张。在上一本书中，我讲述了如何找到自己的风格。简而言之，首先看看自己服装的颜色和款式，然后就像打扮自己一样去装点房间。即使知道自己的喜好，并且在使用火烈鸟靠枕或豹纹灯罩几乎不会犯错的情况下，我们依旧可以更加细致地审视自己的选择。

六个需要回答的问题

　　我总是吃惊于有那么多人仅仅按照自己喜欢的方式装饰房间。当然，这也是装修结束后"应当"有的效果：一系列物品、家具和颜色完全表明了住户是谁，一切都仿佛自然而然地发生了。然而，在达成预期装修效果和为之付出的努力之间，依然存在几个步骤。

　　用时装界的话来说，就是不经意间的精致。我们都知道，化裸妆比化其他妆容更费事。想要无须用力过猛就让房间看起来井然有序、令人轻松自在，需要很多的思考、计划和努力。不能仅仅在房间内堆满自己喜欢的物品就期待一切排列得完美，除非你是专业设计师，或者你的眼光特别好。

一切都需要计划。不用担心，如果知道如何计划，那就不会很难——我会告诉你如何操作。家居设计其实只涉及六个简单的问题。着手进行家居设计之前先问问自己这六个问题，这样不仅能打造出适合自己的房间，而且房间的所有功能都能完美满足你的需要。当你结束一整天的工作踏进家门时，就会感到心情愉悦。

如果不去思考这些问题（更要命的是，没有诚实作答），最终的结果可能是房间不能满足住户的需求，也就意味着住户不愿意居住在这里。或者，住户没有其他选择，只能入住，却并不满意，最后不得不重新装修。

那么，这六个问题是什么？它们是——

何人，何事，何时，何处，为何，如何做？

我曾做过记者，接受过逻辑训练。我意识到，新闻六要素也是所有成功家居设计的基础。实际上，这六个问题适用于所有事情，甚至适用于晚宴的筹备。谁会参加？他们想吃什么？什么时候到达？在哪里就座？为什么邀请他们？怎样准备晚餐？回答完这六个问题，你肯定有了答案。

事先回答这六个问题，一切都将迎刃而解。不管是照明、色彩还是材质和配饰，不管是大件家具还是小件装饰品，都可以从这六个问题出发。装修效果也会依据房间的功能呈现出来。如果希望装修效果更符合自己的需求，就要非常仔细地思考房间的功能。

我知道有人在厨房装修上花费巨大。他们配备了最新的高科技产品，从铁板烧烤架到最先进的集成灶，样样都有。现实却是，住户不怎么喜欢下厨，厨房里也从未出现过令人向往的烟火气。这种情况下，厨房不能体现出住户的特点，也就逃脱不了成为"摆设"的命运。

采取六"何"策略可以指引你如何装修，也就是说，你可以最大限度地利用每一寸空间。因为每个空间都有其特定的功能，你将会合理地设计每个空间。举个例子，我拜访客户时间的第一个问题就是"你打算在这个空间里做什么？"。

从这个问题开始，我们可以找到最适合早上喝咖啡的地方、最适合晚上小酌的地方、最适合周末家庭聚会的地方。突然间，所有的空间都有了用途，自然就有了放置哪些家具的想法。周六早上喝咖啡和办公的地方可以放置两把图案活泼的扶手椅，或者是能够给人带来置身于花园般放松感受的家具，例如藤条椅。组合沙发适合家庭聚会，更正式的沙发适合成人的小酌，而孩子们可以在游戏房松软的沙发上蹦蹦跳跳。现在，既然我们知道问题是什么了，就可以更加深入地看待它们。请记住：回答这些问题，就会拥有想要的空间。

我知道这个问题听起来很容易，但是你真的在设计房间之前反复思考过吗？你一定知道居住者都有谁。双职工家庭、有孩子的年轻家庭和退休家庭的需求是完全不一样的。

以厨房为例。厨房的主要使用者是厨师还是食客？弄清这个问题的答案能够立刻决定厨房设备的档次和台面的面积。例如，如果聚会时你总是待在厨房里，

1

何人？

WHO?

那就需要考虑将奢华的烤箱换成葡萄酒柜，还要准备几把高脚凳。

是时候诚实地面对这些了。和你生活在一起的人都有谁？我大胆猜测，生活可能并不像电视里演的那样——在仿佛永不消逝的阳光下，人们轻轻经过彼此，享用着烤得刚刚好的面包，不会将面包渣掉到黄油里；他们一边微笑着谈论当天要做的事，一边分享各自对时事的看法。现实或许是这样的——妈妈要迟到了，正在咆哮；爸爸假装已经出门了；十多岁的孩子在抱怨牛奶少了、时间不够充足、天气不好；猫也生病了，躲在角落里……

如果你的现实生活是第二种，通过合理地规划房间，可以提高实现第一种生活状态的概率。我不能保证十多岁的孩子会在早上八点钟跟你聊天，但是如果合理规划，他们会下楼吃晚餐——晚餐时间也通常是他们比较可爱的时候。

谁会经常在客厅里？是谁使用这个空间？夫妻？父母？小婴儿和他们的玩具？十多岁的孩子和他们的同伴？是家庭成员都聚在客厅，还是客厅并没有根据某个人的需求规划，只是希望客厅能够成为家庭成员聚会的场所？回答这些问题有助于让梦想成真，至少部分梦想会变成现实。青少年可能不爱离开他们的卧

室，但是我们至少可以营造合适的氛围。或许可以设计足够的空间，存放婴幼儿的物品。

再举最后一个例子。谁会使用卫生间？所有家人都要在早晨最紧迫的时间使用卫生间吗？还是仅供渴望做SPA的成人使用？卫生间也可能有老年人使用，他们倾向于用淋浴房而非浴缸，淋浴房可以避免进出浴缸的不便。为未来做准备总是不错的想法。

由此可以看出，弄清"何人"这个问题有助于制订正确的收纳计划。根据我的经验，收纳空间是唯一一个人们希望能够更大的地方，也是人们经常希望能够重新规划的地方，以便更高效地使用各个空间。

所以，这是你需要弄清楚的第一个问题。一旦知道住户是"何人"，就可以开始考虑他们将会在这里做"何事"。

有了第一个问题，自然就有了这个问题。这让我们不得不仔细思考房间里究竟应该摆放哪些物品，才能服务于住户。弄清"何事"这个问题能够明确住户需要哪些家具和物品。

再回到厨房这个话题。你会在厨房里做什么？会经常做饭吗？这涉及选择炉灶的问题。是选择看起来

2

何事？

WHAT?

高级却会占据很多空间的集成灶，还是与视线齐平的烤箱？这种烤箱让我们不必弯腰就能查看蛋糕是否膨胀了，对使用者的背部比较友好。如果厨房要满足一个大家庭的需求，五眼灶可能是个更好的选择。然而，五眼灶也会占据更多的台面空间。燃气是个不错的选择，而电磁炉更为环保。需要注意的是，一定要购买自己可负担范围内最好的厨房用品，毕竟一分钱一分货。即使用得不顺手，它们还有转手的价值。

孩子会自己做早餐吗？如果答案是肯定的，那就需要至少一个矮厨柜，用来放置碗、勺子和简单的食物。这样，周末家长就可以睡个短暂的懒觉（必须承认，事后还要打扫撒出来的麦片）。如果厨房是整个房子的重心，你希望一边从容不迫地准备晚饭，一边品着美酒，同时孩子在桌上安静地写作业，那就要为之规划。即使没有完全达到想要的效果，至少你还可以品酒。着手装修之前明确房间的具体功能，就可以创造空间来实现想要的效果。

"何事"也是规划客厅时要考虑的一个关键问题。客厅只是一个看电视的地方，还是用来小酌和聊天的地方？是用来看书，还是用来思考人生的安静角落？问问自己：客厅的使用者有哪些，他们在客厅里做什么？这样就知道是摆放一张舒适的沙发供所有人休息、

吃着爆米花看电影，还是摆放一张小型立式沙发用作临时休息的位置，同时也能更好地用来办公。也可以开始考虑是安装百叶窗还是窗帘，窗帘选择天鹅绒还是亚麻材质。

简单地说，明确在室内进行"何事"有助于你决定购买什么样的物品，从而节省时间、节省精力，避免代价高昂的错误。

3

何时?

WHEN?

明确居住成员和室内活动内容之后，就要解决下一个问题"何时"。从这个问题开始，事情会有趣得多，因为这涉及色彩和照明方面的选择。

所以，你一般什么时间在房间内进行各种活动呢？一个显而易见的答案是，你希望随时可以做想做的事。但是我们需要暂停一下，想清楚这个问题。我的生活经验是，孩子们吃完晚饭时，我的工作也已经完成，分类整理好要洗的衣服，丈夫也下班回来了；在准备晚饭时，我们会在厨房里喝一杯葡萄酒。九点之前，我们都不必踏进客厅一步。因此，客厅其实就是晚间休闲的场所。于是，我们将客厅的墙刷成深色，还布置了很有氛围的灯光。不过，你也可以将客厅当作家庭办公区。如果厨房比较小，还可以将餐桌摆放在客厅里。这里甚至可以作为儿童游戏房。简而言之，客厅的使用频率最高，要满足不同年龄段人群的需求。

也就是说，不管你多么渴望在客厅里使用沉郁的冷调色彩，此时此刻都不是最佳选择。然而，可以将墙刷成两种颜色：下半部分使用暗色油漆，可以掩盖黑乎乎的手印，也可以让电视仿佛隐形一般；上半部

分使用天花板同色油漆，可以让天花板看起来更高，也会使墙的边缘变得模糊，从而让房间看起来更大。如果有嵌入式储存空间，请刷成墙壁同色，使之和墙壁融为一体，让房间显得不那么拥挤。这也会让置物架除了具有储存功能，还具有展示功能。

清楚什么时间做什么事对装修最终呈现的效果至关重要。是在房间中央安装吊灯为整个屋子提供照明，还是用柔和的灯光营造一种朦胧的氛围？如果厨房里已经安装了筒灯，能够满足切菜时的照明需求，那吃晚餐的时候，尤其是需要等一等再洗碗的时候，还需要更柔和的光线吗？别忘了在浴室里营造做SPA的氛围，低亮度的灯比蜡烛更安全，也更容易开关。

如果要翻新房子，电工也要在墙面工作完成之前知道如何安排照明设备，因此，要很早就开始考虑"何时"这个问题。清楚什么时间使用某个房间是装修的要点。

4

何处?

WHERE?

读到这里，可以忽略"装饰哪个房间"这个问题了。你一定已经完全弄清了，现在可以考虑去哪里购买需要的东西。回答这个问题要参考下一个问题"为何"，这样有助于做装修预算，预算的多少在很大程度上决定了去哪里购买建材。

如果你决定将大部分预算花在硬装上（我就是例子），你就不会去安萨克斯（Ann Sacks）[1]购买价格昂贵的定制瓷砖。说到预算的问题，有一个变通的方法。我在2000年到2001年装修了房子，当时英国的增值税率即将从17.5%提高到20%。结果很多商家做了大型促销活动——如果在某个特定日期之前购买建材，他们依旧可以按照原来的增值税率算。房子才建了一半，我们就买了冰箱，还买了一扇双折门，尽管四个月后才用得上。重点是，如果要购买很多建材，可以等一等促销活动。如今，人们可以给商家打电话，问问网上是否有促销活动，商家通常会提供力度更大的折扣。

我们可以给不同的物品分配不同的额度，也就是说，可以用从窗户上省下来的钱买漂亮的瓷砖。说到瓷砖，我们可以将不同品质的瓷砖混合搭配使用。在挑选浴室瓷砖时，我喜欢非常昂贵的瓷砖，但只买得起六块。这些瓷砖又长又窄，我将它们安装在每个水池后面，当作低矮的防溅挡板，然后在上方的墙上安装一块镜子，让人产生一种两者是一体的错觉。

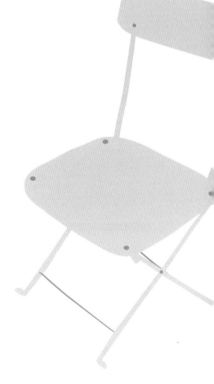

如果在某家店看中某件价格昂贵的物品，可以将它列入购物清单，再看看能否压缩其他物品的预算。

1. 科勒公司旗下生产墙地砖的公司。——编注。

本书包含了哪些方面可以省钱、哪些方面必须花钱的建议，例如：沙发使用的年限比较长，不会每一两年就更换，必须选择昂贵的；然而，可以在灯具上少花些钱，因为灯具相对来说更容易受潮流的影响，并且关于灯具，需要考虑的重点是照明效果，而不是灯座的材质。

　　另一个需要考虑的事情是，心仪的昂贵物品是否有平价代替品。我并不是推荐山寨产品，只是推荐购买性价比更高的相似产品，这样就能解决超预算的问题。

　　弄清楚去哪里购物后，就要思考找什么样的商家购买。是花大价钱从国产品牌（也许是个小品牌）买少量的东西，还是选择从国外进口产品、价格更加优惠的大公司？我并不是说哪种方法更好，只是建议大家思考这个问题。每个人对"可负担"有不同的理解，有时我们的预算可能都不足以购买有机棉。说这个并不是对大家评头论足，只是想说，我们应该在工艺质量和运送速度之间做个选择。

5

为何？

WHY?

简单地说，"为什么要做这件事？"，"我想增加房子的价值"和"我想最大限度地利用房间面积"是两个截然不同的答案，也会达到不同的效果。

房地产中介可能告诉你不要拆除浴缸，然而你只用淋浴，而且没有卖房的计划，那你就应该忽略中介的建议，选择让你居住得更加舒适的方案。有时，不管哪种选择，结果都是一样的。例如，改建阁楼无疑会扩大居住空间，也会增加房子的价值；而嵌入式储物室仅仅比独立式储物室增加了30%的空间。

仔细思考自己为什么要做某事有助于我们做出正确的决定。为什么需要一个新厨房？先列举厨房的缺点，一旦确定了这些，就可以思考如何在重新装修期间纠正这些问题，正确规划这个空间。知道自己不想要的、不喜欢的与知道自己需要什么、喜欢什么一样重要。

6

如何做？

HOW?

这是一个实际的问题。弄清楚何人、何事、何时、何处、为何，就能明确自己想要什么，以及怎样才能符合自己的风格、满足住户的需求。下一个问题是，怎样支付？这需要做一个装修预算，要准备很多东西。

首先要列一个购物清单。不要想着先不买新窗户，用省下来的钱买沙发——从窗户漏进来的雨会泡坏沙发，你还得再买一张新沙发。仔细思考装修过程中的每个环节。我曾被一个粗心的装修工人狠狠宰了一刀，只因贴过瓷砖的地面高出了几厘米，他便将所有的门拆下再以合适的高度重新安装好，为此他在已经给出的贴瓷砖的报价之外，又向我们收取了额外的费用。我们以为这些费用已经包括在报价里面了。我觉得他是"忘记告知"，好挣更多钱。因此，一定要列个清单，每一项都要有具体报价，还要弄清楚报价是否包括处理各种意外状况的费用。

此外，还要准备占预算10%的应急资金。几年前，我决定用鹅卵石取代户外花园地板。装修工人移开地板时，发现厨房的下水管已经堵塞多年，地板下面堆积了很多没有从下水管漏下去的咖啡渣和其他物品。不知道什么原因，多年来厨房里一直没有异味，直到地板被移开后，异味才散发出来。因此，我们不得不清理堵塞物，还买了新下水管。

另外，问问装修工人报价是否包含建材费用。通常情况下，他们的报价（当然已经加了价）包含建材（例如沙子、水泥）的费用。如果要使用品牌油漆，则需要自己提供。

也许做装修预算很无聊，但确实是一件非常重要的事。第22页～第24页是卡伦·诺克斯（Karen Knox）的好用又实际的做预算的方法。

关于做装修预算的注意事项

卡伦·诺克斯
室内设计集团[1] 联合创始人

首先从房子本身的问题开始,逐渐推进。墙壁返潮,重新粉刷也没用;窗户漏风,挂窗帘也无济于事。这些问题会随着时间的推移更加严重,因此,首先要解决这些问题。先从基本工作着手,后面会慢慢变得有趣一些。

壁炉

与其煞费苦心地考虑在壁炉上挂什么画,不如想想是否真的需要挂画。壁炉周围需要翻新吗?烟囱还能工作吗?需要重新规划烟道吗?你更喜欢烧柴的火炉吗?壁炉往往是房间的焦点,一开始就要做好规划。

暖气片

现代白色面板式暖气片是最丑的物品之一。如果预算不足以翻新暖气片,那就给暖气片换个颜色,将它们刷成墙壁同色,看上去就像隐身了。如果要给墙壁贴壁纸,选择样式中最暗或者最鲜艳的颜色。另外,暖气片的位置是否合适?暖气片不一定要安装在窗户下方,但那里的确是最合适的位置,不会妨碍摆放家具。如果要移动暖气片,就要将地板掀开,以便移动管道。因此,需要在打磨地面、铺地毯之前就完成这项工作。

窗户

如果窗户既丑又漏风,就要先更换窗户。更换窗户需要重新粉刷窗户周围的墙壁,会彻底破坏现有的装饰。如果负担不起硬PVC材质的窗户,可以直接将窗户刷成其他颜色(见问题26)。不管怎样,窗户是你需要首先考虑的问题之一。

1. 即IDC,一个集合各类严格甄选的独立室内设计师的网络平台。——编注

地板和墙面

如果要铺地毯，地面需要用砂纸稍稍打磨。在一些有年头的房子里，墙面上通常有一层层壁纸和油漆。如果木头变成了木屑，一定要先处理木屑，否则被掩盖的木屑最终会成为你的噩梦。如果天花板上有木屑，将木屑弄掉后，可能要重新给天花板打石膏。打石膏的费用很高，还会将房间弄乱。

卫生间

卫生间应该是最先装修的地方。在装修过程中，整个房子都蒙了一层厚厚的灰；你在厨房里用炉子做饭，却无法清洗，没有比这些更糟糕的情况了。首先装修卫生间，就可以随时走进去清洗东西、甚至锁上门哭一会儿。至少卫生间里是干净的。

照明

开关和插座一定要和房龄相匹配。市面上有很多种开关和插座，然而，就是开关、插座这样的细节决定了最终的装修效果。如果打算在天花板上安装吊灯，要确保它的质量足够好，能吸引人们的注意力。

应急资金

理想情况下，最好拿出总预算的10%作为应急资金。装修过程中遇到一些意外状况是非常常见的，例如天花板需要更换、下水道需要移除、砖墙需要重嵌灰缝，这些都需要费用。即使可能会奇迹般地不需要这些费用，但准备妥当总是有好处的。

客厅

客厅应该最后粉刷。所有的东西进出都要经过客厅，装修完其他空间后，客厅一定会乱成一团，因此要最后装修这里。

下一个问题

现在，你已经了解了这六个重要的问题。诚实细致地回答完这六个问题，就可以开始装修了。你会避免很多常见的错误，能够装出符合每个住户生活方式的空间。

从现在开始，我将给出更加实际的装修建议。我的博客有1000万的浏览量和500万人次的访客，许多人会在我的博客中提有关装修的问题，我想回答这些年出现的最常见的问题。接下来的八章会讲到所有重要的问题，从踢脚线用什么油漆到怎样给开放式空间分区，也会谈到不同厨房操作台面的优缺点，以及是否可以在浴室里装枝形吊灯。既会兼顾整体，也会涵盖小细节——窗户、墙壁、地面和天花板。使用窗帘还是百叶窗？选择组合式沙发还是丹麦复古沙发？使用什么样的灯泡？灯泡需要多亮？是挂壁纸、设计图片墙，还是选择尺寸合适的挂毯？也许你想知道地暖是否值得安装、地毯是否比地板更好，或者是否要拆除浴缸，改用淋浴。更多细节都会在接下来的章节中谈到。希望你能回答那六个重要的问题，并且装出梦寐以求的家。

布局与地板

Layout & Flooring

1 / 从哪里开始装修？

　　不管从哪里开始装修，肯定要从某个角落开始。经历过四次装修，我觉得最好从卫生间开始。如果你在装修期间还住在家里，灰尘和泥土会让你不胜其烦。要是有一个能让你清洗的温馨卫生间（老实说，可能还要在卫生间里洗盘子和锅），你会立刻感觉好多了。当你觉得一切难以承受的时候，也可以将自己关进卫生间哭一场。

　　我也是在装修现在住的这套房子时才总结出这一经验，以前我都是最后装修卫生间。卫生间里乱七八糟，住起来已经够让人沮丧了，除此之外，厨房也不能用，真是糟糕透顶。我们装修完第一套公寓的卫生间不久就搬了出来，当时我已怀孕快9个月了。我不得不揣着一个10磅[1]重的胎儿费力地蹲下去，在卧室角落的桶里小便，再费力地站起来。这成为我装修房子期间的低谷期。所以，一定要先装修卫生间，你会因此感谢我的。

　　至于某个具体的房间应该从哪里开始改造，一个明智的建议是最后确定墙面颜色，因为墙面颜色是最容易改变的。在实践中，我发现很多人都从刷墙开始，并且根据墙的颜色尝试改变家具搭配。然而，通常情况下，你已经有了将某件家具、某幅画或者其他某样东西摆放在那间屋子里的想法。可以从这些物品开始，然后慢慢延展开来。一张沙发可以成为改造的出发点，围绕沙发，再慢慢规划房间的色彩和其他家具的风格。有时，一幅画、一张明信片或者一小块布料都可能会给你灵感。

1. 1磅约合0.45千克。——编注

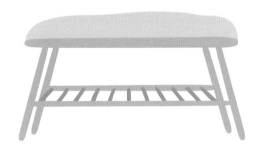

弄清楚从哪里开始改造，然后分析自己喜欢某件物品的原因。是喜欢它的颜色、它的风格还是它的年代？也别忘记你对这件物品的感觉。回答这些问题不仅有助于你着手装饰房间，还有助于你弄清哪些东西应该丢弃、哪些东西应该保留。

举个例子，我有一位喜欢中世纪现代风格家具的客户，她住在乡下的一栋20世纪30年代的漂亮房子里。中世纪现代风格的家具线条干净利落，可以搭配任何时期的东西。所以两者可以搭配在一起。弄清楚她真正喜欢的是家具，我们就可以快速得出这样的结论：田园风格的暖气片罩和华丽的壁灯必须立刻拆除。不需要我的帮助，她就知道带绑带和窗帘盒的窗帘是第二件应该被扫地出门的物品。显然，她的中世纪现代风格的丹麦沙发需要更换软垫，这是客厅装修的起点，其他装修应该围绕沙发慢慢展开。有手绘花卉图案的茶几被放进卧室里，取而代之的是从易趣网（eBay）买的套桌。配有扎染织物的雕花木椅应该放在主走廊里，而复古的派克诺尔（Parker Knoll）家具应该放在客厅里。不用花一分钱，只是将她拥有的家具挪个位置，就提升了整个空间的品位。

所以，有时你会发现想要的物品不在商店里，而是在家中其他房间里。这被称为"在自己家里购物"，只是完全免费而已。仔细盘点所有的家具，挪动它们的位置，就可以填补其他房间的空缺，同时也成为房屋改造的着手点。如果打算使用大多数原有的家具，那么你可以在家具颜色和图案上下功夫。

2／户型图能提供怎样的帮助？

买房或者租房时，看户型图就能了解房子的布局和面积。比起走进房间，被沙发和看不见的柱子分散注意力，利用鸟瞰图来做房间规划容易得多。我还发现，考虑拆除某堵墙来创造新的空间时，户型图也非常有用。

如果你打算重新布置墙的位置，户型图通常会显示哪些是承重墙（用粗黑线表示）、哪些是立柱墙（用细黑线表示）。承重墙是支撑起整个房间的墙面，一般不可以拆除，除非有横梁或者内嵌轧钢梁支撑整个房间。横梁的尺寸必须由结构工程师估算，他们会根据横梁承重量估算出横梁的尺寸和强度。一般而言，横梁要用厚厚的建筑石膏封进房子内，使其成为房子结构的一部分。有时，如果要在墙上开一个非常大的入口，就必须在房子中间安装支撑柱，将支撑柱当作结构特征。拆除承重墙无疑会比拆除立柱墙花费大，因为立柱墙薄，非常容易拆除。

列入文物保护建筑名录的房屋有不一样的规定——墙壁可能不能拆除。有些受保护的历史建筑可能只有一个卫生间，如果打算购买这种房子，一定要在签订购房协议前了解相应的规定。通常需要向住建部门申请"文物保护建筑施工许可"（或者类似的许可）。而且，一定要注意房产是否位于保护区。如果位于保护区，意味着改变房子的外观会造成很多影响。如果你坚持购买这种房子，律师会帮你处理这些事情。在支付律师费用之前，知晓可能出现的复杂状况总是值得的。

一座房子之所以被列入文物保护范围，是因为房子具有某些有价值的特征，如具有时代特征的壁炉、窗户等，这些是不可以改变的。有时，不能在一间天花板上浇筑很多建筑石膏的房间上层修建卫生间，因为漏水可能会损坏天花板。但是，被列入保护范围的房子并不意味着在某个时间段内完全不能改造——只要得到有关部门的许可，就可以改变房子的某些特征（正是这些特征使房子得以列入文物保护范围）。一座房子的历史价值总是也应该总是与其房间状况和功能相权衡。

3 / 房间的功能是什么？

一间房间被当作卧室用，并不意味着它只能用作卧室。人们通常不愿意改变原有户型图规划的房间布局，然而，这种布局可能不适合你。我们必须想想自己的房间布局是什么样的以及该如何使用每个空间。

我们通常将厨房布置在房子后部，从厨房可以看到花园。如果一个人要长年累月地在水槽边洗碗，这种布局合乎情理。如今，人们可以拆除墙壁，制造开放的空间，因此，最好将休息区或者餐厅安排在房子后部，将厨房安排在房屋中部比较暗的地方。这样的布局意味着还要改变管道的布局，然而，这样做的好处终究大于付出的代价。

维多利亚时期的房子的前厅很小，因为通常只用来会客或在周末使用，不需要那么大的面积。规划布局时最好思考一下使用某个房间的频率以及房间的用途。

有不少家庭将办公区挤进最小（或第二小）的房间里，却不明白为什么自己不想使用它。我也曾那么做过——我在顶层的屋檐下设置了办公区，每次站起来都会碰到头。不出所料，六年时间里，我都在楼下的厨房岛台上办公。卧室也有同样的问题。父母通常占据最大的房间——主卧，然而，他们一般在睡觉的时候才会走进卧室，也不需要在卧室里放置儿童帐篷、书桌和儿童游戏屋，更不用在卧室里收纳玩具小卡车、洋娃娃以及其他小摆件。在上一所房子里，我们将最大的卧室给了孩子们，里面放了双层床，也有足够的空间摆放他们的玩具。这意味着客厅变得更加整洁、舒适。

如果是从零开始建房子，或者考虑增加一间套房，那么可以考虑将浴室装得又宽敞又豪华。宽敞的浴室给人一种身在酒店的感觉。如果可行，设计一个步入式或穿过式衣帽间（见问题98），将睡觉的空间最小化。毕竟，如果卧室里不用堆满衣服和留出储物空间，你需要的就只是摆放一张床和一对床头柜的空间。卧室会变得更有禅意，你也会因此睡得更香。

　　如果打算购房，可以好好利用户型图，对房间的大小和比例有个总体的概念。要注意房间的朝向，还要看看房间的功能是否适配正确的位置。

　　我的房子背面朝北，因此背面通常很冷；而客厅朝南，总是充满阳光，冬天非常舒适。厨房在房子前部，看起来有点奇怪。不过，由于我在厨房岛台上办公的时间多于在沙发上的时间，我也可以将厨房布置在房子中部，或者将这座维多利亚时期的房屋后部的接待室改为厨房，再将餐厅和客厅从前部挪到后部。如果不是冬日下午三点钟的一缕阳光斜斜地照在沙发上，让人觉得非常舒畅，我早就改变房间的布局了。

　　我并不是建议大家让房子大变样（不过，如果不适合你，为什么不改造一下呢？），只是建议大家想想如何使用每个房间，以及现在的房间布局是否适合自己。

4 ／ 为什么要去住酒店？

　　酒店作为灵感源泉的作用有些被低估。仔细想想看，设计师必须充分利用那块小小的空间——通常只有一个不大的房间，里面能容纳一张床、一对床头柜、一两把舒适的椅子、一张桌子，也许还有制作咖啡或者泡茶的空间，以及挂衣服的地方。设计师还会在狭窄的角落里打造一个豪华的浴室。

　　酒店设计的色彩搭配和材料选择总是值得学习。酒店的设计者不仅了解各种元素和色彩搭配的流行趋势，还擅长将有限的空间打造成一个有魅力又舒适的房间。

　　下次度假时，不要只关注从酒店到海滩的距离，还要注意房间的布局，特别是

浴室。在巴黎的霍克斯顿酒店（Hoxton Hotel）里，浴室有两面墙使用了磨砂玻璃，不仅能让卧室的自然光照进浴室（你什么时候见过酒店的浴室有窗户？），还可以保护隐私。浴室的水平门把手很长，不仅能充当扶手，还能用来放置闲置的毛巾和防滑垫。

饭店的卫生间也一直是灵感来源之一，可以从中学习节省空间的技巧，更重要的是学习装饰理念。我并不建议大家为了在Instagram上发一张漂亮的照片而装饰卫生间（毫无疑问，酒店和饭店可能会那么做）。如今，社交媒体上的一张漂亮照片可能会吸引很多博主和"网红"到实地"打卡"，他们的追随者也会争相造访。

在一些场所中，一队人排队上厕所、另一队人排队拍照的现象并不罕见。考虑到每个人都会购买食品、饮品，这具有良好的商业意义。卫生间是饭店展现风格的好场所。因为饭店卫生间的面积相对较小，可以大胆使用夸张的壁纸、漂亮的瓷砖、高端的卫生洁具、引人注目的玻璃，或者将这些元素组合使用。别忘了关注饭店卫生间的天花板。在卫生间里为发九宫格照片拍照时，你可能会得到设计自己的家的灵感。

5 / 为什么需要情绪板 [1]？

在上一本书中，我讲到为什么Pinterest既是朋友，又是敌人——Pinterest会引诱你掉进陷阱，使用不适合自己的东西。也讲到如何利用Pinterest，而不是被它利用。将自己想要的效果用一系列照片展示出来，无疑是个好方法。

当你用语言描述自己的装修想法时，装修工人不一定能完全理解，给他们一张照片或一幅画作为参考，效果会更好。如果他们理解错了，也可以省去争论的时间。看到喜欢的家居设计的图片时，可以保存下来，给室内设计师和装修工人看，明确地告诉他们你期望的装修效果是怎样的。我经常在信封背面给装修工人画示意图，有些工人能明白我的意思，有些则不能。有时，一张图片确实胜过千言万语。

图片不仅能帮助装修工人。制作一块情绪板有助于形成家居主题，也有助于我们检查喜欢的颜色是否搭配、家具风格是否协调。可以从一张抽象的画开始，能够代表自己想要的装修效果即可。也可以配几张自己喜欢的家装图片。在此基础上，慢慢地加颜色，主色块要比点缀色块大，然后添加少量其他颜色，看看整体效果是否协调。最后，在情绪板上写几句话，描述你想要的装修效果（见问题6）。情绪板大有益处，有助于我们将注意力集中在最初的想法上。

---

1. 即 Mood Board，由一系列图像、文字、样品拼贴而成，是设计领域常用的表达设计定义与方向的视觉做法。——编注

6 ／ 你希望房间给人怎样的感觉？

　　这个问题是室内设计至关重要的部分。与色彩搭配和挑选家具相比，它常常被人们忽略。希望某个房间给你什么样的感觉，或者给他人什么样的感觉，绝对是选择合适的家具和色彩的关键。

　　例如，我喜欢干净、整洁的厨房，那就需要很多储物空间和充足的架子，才能让所有的东西井井有条，厨房才不会凌乱不堪。假如你希望客厅有令人放松的平静氛围，就要弄清楚哪些物品能带给人这种感觉。对我来说，一个地方的颜色太多会让我焦虑不安，所以我会确定两种颜色，再加上少量的第三种颜色。我发现自己在没有书的房间里无法放松，因此，我还需要在客厅里摆上书。良好的照明也非常关键。有件事要记住，那就是对称的东西通常给人一种更为平静的感觉。因此，在设计客厅时，在壁炉两侧摆放一对椅子、在套几上摆放一对台灯、在壁炉架两端各摆放一个烛台，比一些不配套的家具和很多乱七八糟的物品混合在一起更令人放松。不过，对有些人来说，完美的对称会让他们产生幽闭恐惧，并且让他们感到不安，这种情况就要另当别论。

　　总之，问问自己想要怎样的感觉，然后弄清楚什么颜色、哪些物品能带来这样的感觉。在这种情况下，Pinterest 有很大的作用。与其为了确定色彩搭配而花数小时盯着漂亮房间的图片看，不如问问自己那些图片给你怎样的感受。以"放松""有用""高效"等词汇为关键词，创建各种情绪板，再找找那些图片有哪些共同点。

7 / 如何说服伴侣同意自己的装修方案?

这是个很难回答的重要问题[1],也是最常被问到的问题。有时,室内设计师不仅提供壁纸方面的建议,也会变成婚姻顾问。

我丈夫和我几乎在所有事情上都意见统一。然而,我有一对夫妇朋友在任何事情上都无法达成一致。丈夫想砌墙的地方,妻子想设计成开放式空间;妻子想刷成彩色的地方,丈夫想刷成白色。他们一起建造了一座房子,据说是一次艰难的"冒险"。最近,他们对地下室进行了彻底改造,还重新规划了房子的顶层。一天,男方给我发了一封邮件,在好几件事上询问我的建议。没过多久,我收到了他妻子的短信,提醒我她丈夫要找我谈话,并且希望我将她的观点反馈给她丈夫,因为她丈夫会听我的意见,而不会听她的。可以说,那段时间我像踩钢丝一般谨慎行事。有时我认为他们都错了,我也会不顾沟通策略,直截了当地告诉他们我的想法。

事实上,如果夫妻的品位完全不同,家装将是一件非常困难的事。多乐士(Dulux)品牌的英国创意总监玛丽安娜·希林福特(Marianne Shillingford)说,如果她做好一块牛排并准备一瓶上好的红酒,她的丈夫就会言听计从。还有些女士告诉我,她们的伴侣完全不管这些事。一位丈夫告诉我,只要花费不多,他就不管。我喜欢"给一点,拿一点"这种策略。如果丈夫不让我买梦寐以求的淡粉色沙发,我就会将一间空房间的天花板刷成金色,让他不想走进去。

通常我们都需要妥协。我丈夫喜欢天鹅绒沙发,而我不想再增添天鹅绒制品,

---

1. 原文是"$64,000 question",出自1955年美国CBS电视台制作的一档智力竞赛节目,参赛者通过答题累积奖金,最高奖金是64,000美元。该词也被引申为"很难回答的重要问题"。——译注

但我想将躺椅翻新成淡粉色。我们各退一步，便有了一张淡粉色的天鹅绒躺椅。这并不意味着我们都不开心，因为我们有夫妻否决权。也就是说，如果一个人真的不能接受某个想法，可以使用否决权，让另一个人再也不能提及这个想法。我们很少使用否决权，在二十五年的婚姻中只使用过三次。我们通常会有一个折中方案。上一次使用否决权是因为我想用金色勾缝剂给浴室瓷砖美缝。其实，他在这件事上可能是对的。

有时，我们要沟通被否定的原因。可能是担心某样东西太前卫，可能会不再喜欢，或是从小就不喜欢某种颜色。正如我在第一本书中写的，我们对颜色的反应涉及文化、情感和心理层面——我们无法改变本能的反应。挖掘否定背后的原因有助于达成妥协。毕竟，成功的家居设计的关键就是利用颜色和材料营造你渴望的氛围。不喜欢是基于情感的反应，而不是基于品位。排斥某种颜色可能是因为它让人想起某件令人讨厌的校服，但并不意味着这种色调的所有颜色都不能用。也许可以少量地用一些。参考情绪板（见问题5）有助于想象某种色调或者某个物品在特定空间里的样子。

最后，如果小把戏、诱惑和讲道理都不起作用，那就用对付小孩子的方法——给对方提供一定范围内的选择。哪个父母没有告诉过孩子，晚饭可以吃他们想吃的任何东西，只要他们想吃的是红色的（番茄）、绿色的（意大利青酱）或者白色的（奶酪）意大利面？列出一些你可以接受的选项，各个选项略有不同，这样才会让对方有一种真正在做决定的感觉。

同样值得考虑的是，一个人是否可以拥有一个完全按照自己意愿装修的空间——也就是老生常谈的有关"私人空间"的争论。请记住，夫妻双方不可能在任何事情上都百分之百正确，两个人都有权主张自己想要的东西。因此，夫妻要好好商量，寻找双方都能接受的方案。

8 / 怎样选择合适的装修工人和零售商？

这是一个很重要的问题，我们在这个问题上也许都犯过错。我认识现在为我装修的工人好几年了，他非常擅长解决各种问题，我非常喜欢这一点。我将他推荐给一位朋友，但是这位朋友雇了一位建筑师和一个项目经理，装修工人善于解决问题这个优点对她毫无用处，她也没发现这个优点对她有什么好处。因此，我现在推荐人选时通常比较谨慎。推荐人选是一件非常棘手的事，因为我们都想要口碑好的人，然而，每个人对什么是负担得起、什么是好的装修效果有不同的看法。

可以通过朋友找装修工人，也可以通过网上推荐找装修工人。不管用哪种方法，每个人都应该为此下一番苦功。当然，我知道第一次找装修工人很难。一定要让装修工人提供前客户们的联系方式，打电话询问能否去他们家中实地看看装修成果，这样你就可以做出自己的判断，而不是依赖别人的意见。此外，还有一个方法，就是问问装修工人有没有工作成果的照片。这不是最佳解决方案，但装修工人是否对自己的工作成果感到自豪，这一点非常重要。我的装修工人经常向我展示他最近的工作成果，他对做得好的地方感到十分自豪。

最后，直觉会告诉你，遇到的装修工人是否合适。你希望工人早上八点出现在你家里，而你尚未准备好吗？遇到工人的时候，有没有他"懂"你的感觉？工人有没有主动性？上下班时间分别是几点？周六是否工作？我曾遇到过下午三点就收工的工人，这样他们可以避开交通高峰期回家。但这样经常导致地板才刷了一半或者墙上的瓷砖才贴了一半。我也遇到过周五晚上工作到很晚才收工的工人。收工之后，我还和他们一起喝了杯冰啤酒。

不管是粉刷一间屋子还是改装整座房子，以上问题都非常重要。花的都是你的钱，也都是靠你自己的直觉。一个人觉得合适的东西，对另一个人来说也许不合适。多思考以上问题，就能知道某样东西或某件事是否合适。

无论你选择谁，请记住，装修工作必须符合建筑法规的要求。

9 / 怎样让小空间看起来更大？

所有人都想知道这个问题的答案。的确有些小技巧可以让房间显得更大，但请记住，这只是错觉的艺术。

在装修面积有限的房间时，我们本能的直觉是使用最浅的颜色吸引注意力，其实根本没必要那么做。事实上，我们所犯的最大错误是认为踢脚线、门、挂画线、暖气片和天花板必须刷成白色。更好的方法是只选择一种其他颜色——可以是明亮、轻盈的颜色，也可以是暗沉、夸张的颜色，取决于你想营造的氛围。然后将这种颜色用在所有地方。这个装饰方法对有些人来说很有挑战性。实际上，白色的木质家具和天花板只会让人注意到边缘、出口以及墙壁的范围（或者其他东西），从而让人更加注意房间的大小。然而，只刷一种其他颜色可以模糊边缘，营造更平静的氛围，仿佛将墙壁推远了，在房间中部留下了更多空间。另一个可能有争议的做法是，用亮光漆而不是乳胶漆涂刷天花板，让天花板反射更多光线。

有人认为，通过调整规模，将大尺寸的家具摆放在一个小空间里，会让人们认为房间比实际上大。这种方法确实有效，但是很难操作，一定要小心使用。让小空间显大还有其他更容易操作的方法——顺便说一句，我不只是推荐购买小号的鸡尾酒休闲椅。选择扶手较窄的沙发和椅子——意味着更多的座位空间——以及高脚沙发和椅子，这样人们的视线会注意到家具下面的地板。眼睛可见的地板面积越大，房间看起来就越大（这也适用于卫生间里的入墙式马桶和洗手池）。中世纪的现代家具符合这一要求，它们有比较高的椅脚和木制把手，并且椅脚和把手没有被软垫严严实实地包起来，可以让光线穿过。

尽量在家具和墙壁之间留出一些距离，哪怕只有几厘米，或者将椅子斜放在角落里。这样会给人一种空间足够大、可以这样布置的印象，而不是需要将所有的家具都靠墙摆放才能腾出空间安放茶几的印象。

既然谈到这个话题，我建议大家考虑玻璃茶几或者金属茶几，而不是占用很多空间的笨重木制茶几，让光线从茶几中间穿过。窗帘的顶部要与天花板齐平，而不是与窗户的顶部齐平，这样可以在视觉上延伸空间。另外，让一些地方空着——可以是角落、一面墙或架子下面的空间。留白意味着你有足够的空间这么做，可以减少一些拥挤感，让房间得以呼吸。

镜子也是让小空间显得更大的利器，因为镜子可以反射周围的光线。而且，一块足够大的镜子可以改变人们对空间的感知，让整个房间显得更大。如果房间面积不大，我会放弃照片墙这种会让房间显得很小的装饰。可以选择一件尺寸很大并且能彰显个性的艺术品，让房间显得更大、更宁静。

厨房面积比较小的话，厨柜的颜色要与墙面颜色一致。这样一来，厨柜和墙面仿佛融为一体，呈现出一种平静感。无把手厨柜也会营造一种整洁的氛围。请记住，要选择平坦的柜门，不要选择夏克式[1]柜门。

厨柜和衣柜应该选择通顶柜，天花板和柜顶之间不要留下空隙，否则会让厨柜顶部积满灰尘或被杂物塞满，给人一种没有足够的空间来储存物品的感觉。

---

1. 夏克式（Shaker-style）厨柜一般以各类木材作为原材料，配有精美的把手和门扣。——编注

10 / 怎样使狭窄的房间看起来更宽敞？

这个问题和问题9类似，都与制造错觉有关，而不是真的敲掉几堵墙来改变房间的尺寸，因为拆墙有时候并不实际。如果你住在一座狭窄的维多利亚时期的房子里，房间看起来像一条隧道，可以将门道或者尽头的那面墙刷成对比鲜明的颜色，让尽头的那面墙看起来更近，从而让房间看起来更方正。这种运用色彩的方式也可以将房间深处的景象框成一幅画，让人不至于盯着一望无际的远处看。在房间尽头设置一个焦点，例如摆放一件颜色醒目的大型家具，也能达到同样的目的。将天花板和墙壁刷成对比鲜明的颜色，削弱阴影，从视觉上降低层高，也可以"形成"方正的户型。

可以在狭长的房间里横放沙发或厚实的椅子，也可以将组合沙发中的贵妃椅横放在房间中央的空地上，而不是放在角落里，让房间显得更加方正。弧形沙发也越来越流行，它们非常适合狭窄的房间，因为这种沙发容易将注意力吸引到房间中央，而非角落。如果你的沙发靠墙摆放，它的颜色一定要与墙的颜色相配。这样一来，沙发和墙仿佛融为一体，沙发看上去似乎消失了，并没有占用狭窄的地面空间。

沿着房间的边缘摆放家具，却在房间中央留出大块空地，是人们常犯的错误，因为这会在视觉上产生相反的效果。即使家具离墙壁只有几厘米远，也会给它足够的呼吸空间。如果房间很窄，可以在墙角处分别摆放两把扶手椅，不要靠墙整齐摆放，就可以看见椅子后面和两侧的空间。在狭窄的房间里摆放一把躺椅或者一张小沙发，让它与墙壁之间呈一定角度，后面不要放置任何东西，也能有相同的效果。

一间家具都沿着墙壁摆放的方正房间看起来像舞台布景——仿佛所有人都在等

待舞台中央的表演开始。可以试着这样做：用两把椅子和一张小桌子形成一个可以谈话的角落；在另一个角落里摆放一张沙发，沙发前面放置一张矮茶几，再摆放一把扶手椅和一盏落地灯。

家具并非靠墙摆放，潜台词就是房间内空间充足，足够安放所有的家具。留出空置的地方，可以向他人表明，你有资本——隐喻地说，也许是在经济上——让那片空间留白。

11 ／ 如何打造多功能房间？

如今，房子越来越小，租金越来越贵，卧室兼当办公室、客厅也是卧室的情况并不罕见。即使房间足够多，客厅白天是游戏房，晚上变成放松的地方，也是很常见的事。

所以，第一件事是回答本书开头提到的六个问题，这样就可以确定房间需要具备哪些功能。之后才能开始考虑需要购买的家具。需要一张沙发床或者一张既是梳妆台也是早餐台的桌子吗？还可以考虑折叠椅，不用的时候可以挂在墙上。意大利家居品牌赛莱迪（Seletti）生产的椅子质量很好，基本都带有波普艺术装饰。如果没有沙发床，可以购买长靠枕和沙发罩，白天可以将床变成沙发。

如果要在非办公区办公，那么桌子应该有可以收纳笔记本电脑和笔记本的抽屉。能否将打印机放在壁橱里？如果你有一架子文件，可以买一些与墙壁或窗帘搭配的文件夹，不仅实用，而且美观。如果需要一把合适的办公椅，为什么不用精美的非办公风材料重新布置办公椅呢？这样既不会影响办公椅的功能，还能提高办公效率。

大多数人都没有足够的空间用大型屏风来分隔房间，但是可以用大型植物来代替。将开放式和封闭式的储物空间结合起来，就可以展示漂亮的东西，藏起实用却不那么美观的东西。

桌子可以用来吃饭，也可以用来办公，但是要考虑将盘子和杯子端上桌时，办公用品放在哪里；反之亦然。如果桌子旁边有空间放置餐具柜，可以将桌面分为两部分，一部分用来办公，另一部分用来休闲。一盏更能凸显桌子本身的特点而不是办公功能的台灯也值得购买，这样不管房间的功能是什么，桌子看起来都会很不错。

12 / 怎样给开放式空间分区？

建筑师弗兰克·劳埃德·赖特（Frank Lloyd Wright）是早期开放式空间的倡导者之一，他关于开放式空间的想法基于这一观点——厨房是房间的中心，其他空间都是由厨房延伸而来。诺伯特·舍瑙尔（Norbert Schoenauer）在他的《六千年的住宅》（*6,000 Years of Housing*）一书中说，这个想法是为了让家庭主妇在自己家里更像一位女主人，而不是一个"紧闭的门后的厨房技工"。这是一个有趣且高尚的想法——尽管当时显然没有男人会成为厨房技工的概念。如果当时男人成为厨房技工，人们就会产生怀疑，厨房的墙可能会更早被拆除。

尽管如此，开放式空间这一概念从20世纪60年代开始流行起来。从那以后，

很多城市的仓库被改成公寓，小型公寓没有足够的窗户适配单独的房间，越来越多的人住在一个大的开放空间里，而不是一连串的小空间里。在英国，很多人居住在狭小、昏暗的维多利亚时期的房子里。拆除墙壁，开放房间，让家里变得更加明亮，所有成员共享生活，被视为一种解放。孩子不再被赶到托儿所，而是完全成为家庭成员之一。如今，家长希望可以密切关注孩子，多和孩子交流。

对独居人士或者夫妻来说，这种开放式空间的理念非常好。家有幼儿的家庭也可以采用开放式空间，幼儿晚上睡得比较早，家长能够独享开放式空间。当孩子渐渐长大，喜欢在公共区域内活动、听喜欢的音乐、看喜欢的电视节目时，开放式空间就不再适用了。这就是很多绝望的家长希望拆掉的墙能够恢复的时期。

如果你乐于共享空间，却不想大费周章，我会告诉你一种不用请装修工人就能为开放式空间分区的方法。这种方法叫作分区式空间布局，是开放式空间的21世纪版本。简单地说，这种方法和常规的分区方法有相同的好处——流动的光线、开放的空间、共享的生活。然而，它将一块很大的区域划分成适合不同活动、不同情绪的小型区域，就像几间没有墙壁的独立房间。

首先，确定你需要协调的不同区域，通常会有厨房、餐厅、客厅和休闲区。实现分区的最简单的方法就是使用地毯。计算出沙发和椅子需要多少空间，然后买一块能够铺满那个区域的地毯，让该区域所有的家具都置于地毯上。在地板上铺不同的地毯，可以瞬间将空间划分成不同的区域。此时，地毯具备了墙的功能。如果增添一种新材质——例如，在木地板中央铺羊毛地毯——意味着这个区域和周围的区域功能不同。羊毛材质的地毯更柔软、更舒适，意味着铺设的区域更适合放松。

如果空间特别宽敞，可以考虑单独在厨房地面上铺整套瓷砖，在客厅的其他地面和餐厅地面上铺天然木地板。如果房间比较小，或者又长又窄，就要保持整齐划一。如果房子是租的，或者不能更换地板，那就改变地毯的材质——在客厅里铺羊毛地毯，在餐厅里铺酒椰叶纤维地毯或者再生塑料地毯。可以在餐桌下铺一块圆形地毯、在沙发旁铺一块长方形地毯吗？改变地毯的形状，就能轻松地划分区域。

现在，你拥有三种不同材质的地面。还可以利用开放式置物架划分空间。如果房间足够大，可以在两个区域中间摆放一套没有背板的架子。在架子上摆放一些书，书脊分别朝向两侧。也可以摆放一些装饰品。这样就形成了简易的分隔墙，光线并不会被阻挡。还可以用植物来划分区域。如果家里有高大的植物，可以让它们形成植物墙；如果家里的植物很矮小，可以将它们放在一张窄玄关桌上来增加高度；如果你不擅长园艺，可以用仿真绿植代替。

如果计划翻修或是装修新家的厨房，而且有足够的空间，可以用岛台形成简易的分隔墙。买几把吧台椅，让椅背朝向房间其他区域，这是另一种划分大型区域的方法。同样地，如果将一大块地毯铺在沙发下方，要确保沙发背对厨房或餐厅，不然就让它面向花园。在开放式空间里，不能将家具靠墙摆放，应该摆在房间中央，这也有助于创造分区的概念。

最后，确保不同的区域里有不同的灯光。不要觉得吊灯必须位于房间中央，它其实也可以被安在餐桌上方。在厨房里安装筒灯，台灯和落地灯则摆放在休息区。通过改变不同区域的功能和氛围，可以进一步划分空间。

现在，你可能住在一个开放的大型空间里，但你营造了一种独立房间的感觉。用同样的方法可以将青少年的卧室或者一居室公寓划分成书桌区、休闲区和睡眠区，达到同样的效果。这些方法适用于任何大小的开放式空间或者多功能居住空间。

13 / 选择多大尺寸的地毯？

能买得起多大的就买多大的。一小块地毯无依无靠地被铺在房间中央，就像一座孤岛，没人愿意走在上面。沙发的前腿一定要落在地毯上。在开放式空间里，地毯可以用来划分区域，要确保所有相关的家具都置于地毯上（见问题12）。

如果买不起尺寸较大的块状地毯，就买一张全屋地毯[1]——最好带图案，看起来会更像小块地毯——记得要包边，包边条的颜色可以是对比色。还要在全屋地毯下

---

1. 全屋地毯指铺满整间屋子地面的地毯，通常对材质的要求不高，价格相对较低；块状地毯通常用作局部装饰，价格相对较高。——编注

面铺一层衬垫（在块状地毯下面铺衬垫也是很好的做法，可以防止地毯移动）。我曾经用这个技巧，花100英镑[1]买了一块全屋地毯的边角料，又花100英镑给它包了边。而购买同样尺寸的块状地毯可能需要1000英镑。

　　叠铺地毯并不简单。地毯的图案要相互搭配（见问题29），本质是色调要搭配协调。波斯地毯很容易搭配在一起。另一个简单又实惠的方法是用黑白条纹的斯德哥尔摩地毯铺底，这种地毯可以和任何块状地毯搭配使用。例如，可以将一块纯芥末色的地毯叠铺在黑白条纹地毯的一侧（不要铺在中间）；也可以铺一块色彩鲜艳的花卉地毯，再搭配一块纯色地毯（颜色是花卉地毯上的一种）。搭配地毯时不要重复铺很厚的地毯，否则家具会无法站稳。可以使用地毯胶和家具来固定地毯，防止滑动和偏移。

1.1英镑约合人民币8.83元。——编注

14 ／ 什么情况下可以在全屋地毯上铺块状地毯？

永远不要这么做。全屋地毯无法搭配块状地毯，而且不仅是因为风格不同。首先，两种地毯叠铺，会使地面变高，房门可能会无法打开；叠铺还会让茶几和椅子无法站稳；另外，铺在全屋地毯上面的块状地毯更容易滑动。

上面说的只是部分实用问题，叠铺地毯也不太美观。如果你住在出租屋里，想盖住房子里原来那块难看的全屋地毯，那我完全理解。这时该怎么做就怎么做。在这种情况下，买一块能负担得起的最大尺寸的块状地毯，尽可能多地盖住全屋地毯——记得检查门是否还能打开，以及门与地毯之间是否有足够的距离。

如果买不起尺寸较大的块状地毯，可以考虑买一块全屋地毯，并且将地毯包好边（见问题13）。将新地毯铺在原来的地毯上面，搬家时还可以带走。如果你喜欢块状地毯，而地板旧得无可救药，可以在铺地毯之前铺一层剑麻垫或者海草垫。两者的质感不同，可以搭配使用。再次提醒，铺好地毯后千万别忘了检查房门能否开关自如。

15 / 挑选什么形状的地毯？

大多数情况下，地毯都是长方形的，看起来效果还不错。正方形的地毯可以铺在宽敞的正方形房间里，但是不要将小块的正方形地毯铺在宽敞的长方形房间里。圆形地毯最好搭配黄麻、剑麻和天然材料，铺在石料地板上非常好看，尽管容易沾面包屑。

羊皮地毯这类形状奇特的地毯适合铺在床边，它们非常柔软，起床时踩在上面很舒服。也可以在茶几下面铺一块牛皮地毯。不规则的形状让这块区域不再像一座孤岛，这是"地毯岛"规则（见问题13）的一种例外情况。

16 / 从哪里挤出更多空间用于储物？

人人都觉得储物空间不够用。维多利亚·贝克汉姆（Victoria Beckham）这么想，英国女王可能也这么想。一个简单的真相是，你拥有的物品会慢慢占据可用的储物空间。储物空间被占满之后，它们会占据椅子和沙发的一端，会一小堆、一小堆地散布在整个房间中。所以，在抱怨没有足够的储物空间之前，你需要做的第一件事就是清理物品。通常并不是房间太小，而是东西堆得太多。清理完毕，就要开始考虑应该将自己真正需要的东西安置在哪里。

第一条经验法则是，当地面没有可用空间时，就利用墙面空间。这条法则很适

合卫生间——架子和小型壁橱是卫生间的完美搭档。架子和壁橱的进深只要足够容纳一个瓶子就可以。

　　墙面空间也被占满了？那楼梯下面怎么样？楼梯下面的狭小空间很方便，平时并不怎么发挥作用。

　　很多人喜欢将书架放在门口。书架通常很窄，如果大部分都是平装书，你也不觉得自己仿佛穿梭在隧道中，就可以将书架放在门口。

在厨房和卧室里，储物柜一定要选择通顶柜。通顶柜让房间看起来更高。如果柜顶和天花板之间留有空隙，柜顶很容易积灰。柜子一定要通顶，可以避免不常用的东西落灰。床底也是很好的储物空间，然而，你绝对想不到床底会积多少灰。如果一定要利用床底的空间，那就买真空收纳袋。真空收纳袋可以压缩任何柔软的物品，能收纳更多东西，还可以阻挡灰尘和飞蛾。

老房子通常有形状奇怪的小型储物空间，例如壁龛（墙壁上凹进去的空间）、倾斜的天花板构成的三角形空间和奇怪的小块突出空间。在家中四处走走，看看能否在这些空间中找到可以容纳架子和收纳箱的地方。如果所有的房间都是方方正正的，那也不错——看看能不能做一面储物柜墙，搭配一排没有把手的平面柜门，并将柜子刷成与墙壁相称的颜色，可以达到几乎隐形的效果。假如储物柜和熨衣板一样窄小，你能接受失去这些储物空间吗？这样做可以换来更多壁橱空间。而且，如果储物柜墙的用途是放不常用的物品（对我来说，熨衣板就是不常用的物品），完全可以在它前面摆放家具（如果不放沙发，也可以放椅子），要用里面的物品时可以随时将家具移开。

楼梯平台也是储物的好地方。这里通常没有足够的空间摆放家具，只要能供两个人上下走动就可以。在这里加一些窄书架，就能在其他地方腾出一些空间。不过，我还是要提醒一下，我们之前的房子的前任主人就在顶楼的楼梯墙面上做了书架，还做了天窗。六年后我们搬家的时候，书架上所有书的书脊完全褪色了。现在，辨认每本书的唯一方法就是翻开、阅读，十分麻烦。

17 / 需要了解哪些关于地毯的知识？

我知道很多人对地毯有一些误解。但事实是，大部分人家里或许都有地毯。在英国，地毯占地面材料总销量的57%，剩下的43%包括层压板。层压板不属于这本书的讨论内容，除非是讨论"怎样替换层压板"。

在卧室里铺地毯不仅柔软、温暖，更重要的是，可以减少影响楼下住户的噪音。羊毛地毯是天然的阻燃材料，这也是考虑羊毛地毯的另一个原因。比起其他合成材料，羊毛更难被点燃（倒落的蜡烛或掉下的香烟都很难让羊毛着火），释放的有害气体也更少。羊毛地毯还能吸收热量并缓慢地释放，意味着它可以在冬天让家里升温、在夏天调节室内温度。

一个很常见的误解是，哮喘患者和过敏患者最好选择木地板，不要选择地毯。事实上，木地板——尤其是那些有缝隙的旧地板——意味着灰尘一直在四处飘浮，而地毯更能留住灰尘颗粒，防止它们弄脏干净的气流通道。当然，你仍需要定期使用吸尘器清洁地毯上的灰尘。

铺地毯有优点，当然也有缺点。如今，铺地毯不再那么流行，然而，有时我们别无选择。不是所有人都能享受在一楼铺木地板的奢侈——铺地毯比铺木地板便宜得多。如果你不得不铺地毯，或者选择在楼上铺地毯，请继续读下去。

18 / 不同的房间选择什么样的地毯？

楼梯地毯必须耐磨，所以强捻地毯[1]或割绒地毯是很好的选择，它们比圈绒地毯更耐磨。含80%羊毛和20%尼龙的地毯也是不错的选择。尼龙让羊毛更加强韧，混合尼龙和羊毛的地毯比仅含羊毛的地毯耐磨三倍至四倍，适合铺在经常有人走动的地方。

可以在不常走动的卧室里铺上色彩丰富的羊毛地毯。然而，如果家具没有安装脚垫，会在羊毛地毯上留下划痕。市面上有各种材质的桌椅脚垫，我买的是塑料的，看起来像人造树胶，装上后并不显眼。

如果养了狗或者猫等会抓地毯的宠物，一定不要买圈绒地毯。如果圈绒地毯的某根线被拉开了，整个线圈就会散开。割绒地毯所有的线都是独立的，是个更好的选择。

如果选择带图案的地毯，可能要多买几块，确保图案在连接处或者户型奇怪的房间里的连贯性。楼梯如果有中间平台或者转角，多准备几块地毯才能应对地毯图案方向和地毯绒毛方向的转变。

另外，别忘了地毯衬垫和配件的费用。有时，地毯衬垫是免费的，一定要问清楚。

1. 即弯头纱地毯，其绒头纱的加捻捻度较大，毯面有硬实的触感和强劲的弹性。——编注

19 ╱ 如何清洁地毯？

　　清洁地毯的关键是动作要迅速。使用轻轻吸干或者轻揩的方式，不要反复摩擦、刷洗。如果反复摩擦地毯，地毯上的绒毛就会散开，污渍可能会被清除，但是地毯看起来会非常蓬松、轻薄，而且上面依旧会留下痕迹。

　　如果地毯被弄得特别脏，最好咨询专业人士。现在有一款清洁地毯的应用程序，叫作Woolsafe地毯清洁应用程序（Woolsafe Carpet Cleaning Apps）。

　　你可能听说过甚至尝试过某些清洁地毯的方法，例如在污渍上洒苏打水或者在红酒渍上撒盐。这些方法我也尝试过，结果污渍只是变了颜色，并没有消失。还有一种人们爱用的老办法，即在红酒渍上倒点白葡萄酒来中和颜色。千万不要这么做。要用沾湿的吸水纸巾泡湿污渍处，再用一块沾有地毯清洁剂的白布轻擦（一定要轻，不要反复揉搓），然后吸干，或者使用吸拖一体机（如果你有一台）。接着用温水浸湿一块干净的布，轻轻摩擦，再吸干地毯上的水分。地毯完全干燥后，要将地毯绒毛梳理整齐。

　　如果地毯上留下了家具的凹痕，并且你还没有购买家具脚垫（见问题18），可以借鉴别人用冰块成功修复凹痕的方法。让少量冰水融化到纤维中，可以帮助地毯恢复原来的形状。还有人建议用湿的厨房毛巾盖住凹痕，再用熨斗轻轻地熨烫，这样也能去除凹痕。经常将家具向旁边移动两三厘米，过段时间又挪回来，这种方法虽然不太常用，但是能避免留下凹痕。

20 / 亚麻油地毡和乙烯基塑料有什么区别?

很多人认为它们是同样的东西。我承认，在深入了解这两种产品之前，我也这么认为。我曾经有一些模糊的概念，认为一个是20世纪70年代的产品，另一个是近年来流行的产品。除此之外，那时我没有更多了解。其实，乙烯基塑料是以石油为原材料的人工制品，不可再生；而亚麻油地毡是由提取自亚麻籽作物的亚麻籽混合软木屑和木粉等其他天然物质制成。

这两种产品有各自的优缺点。乙烯基塑料防水，适合潮湿的区域。尽管亚麻油地毡也防水，却需要不时地进行密封。湿度过大还会让亚麻油地毡的边缘翘起。

乙烯基塑料上的图案是将摄影图像印在表面形成的，看起来非常逼真。亚麻油地毡的图案是镶嵌其中的，这限制了图案的种类，但不会褪色。

安装这两种材料都比较容易，也都至少能使用十年。亚麻油地毡的使用年限更久，可以达到四十年。

21 / 什么是工程木材?

工程木材由多层木头制成，人们可以选择喜欢的木料用作地板表层，例如橡木或者胡桃木。铺设工程木材时，通常用轻敲的方式或者使用卡槽结构。

　　不要将工程木材与层压板混为一谈，工程木材的表层是实木，不是贴的实木花纹图片。工程木材很适合铺在地暖上面。在原装地板下面安装地暖比较麻烦（每块木板都要安装在龙骨上，龙骨与地面之间要留出一定的空隙），管线要单独固定在每根龙骨旁边。需要注意的一点是，安装地暖时（见问题23），如果在工程木材上面铺厚地毯导致地面温度过高，容易让工程木材分层。

　　实木地板是现代版本的木地板，如果安装实木地板，不必在地板下方留出空隙，也就不会有通风和灰尘的问题。实木地板比较美观，有各种各样的木料和饰面可以选择，但价格比较昂贵。

22 ╱ 什么是镶木地板？

　　镶木地板是由小块的木料呈几何图案排列而成的地板，具有很强的装饰性作用。可以在购物网站上买到镶木地板的原材料，但是要有心理准备：每一块买来的镶木地板都需要清洁，而且要请专业工人安装。近年来，镶木地板又开始流行起来。但是，镶木地板价格昂贵，安装费用也很高。正是因为这个原因，现在很多人选择乙烯基塑料地板（见问题20），这种地板贴了实木花纹图片，仅靠眼睛观察的话，很难分辨出是否是真正的实木地板。当然，用手摸或者在上面踩一踩（乙烯基塑料地板比木头更有弹性）就可以辨别出来。

23 / 关于地暖，需要知道哪些事情？

　　地暖确实越来越受欢迎，不仅因为它能更有效地为房间供暖，还因为它腾出了宝贵的墙面空间，使布置房间变得更容易。

　　地暖能使整个房间均匀受热，而暖气片只能加热附近的区域（意味着暖气片前方有热点，而房间中央有冷点）。另外，地暖可以设置恒定的温度，白天可以设定为20摄氏度，夜晚和外出时可以设定为18摄氏度。这与你在早晚有限的时间内使用暖气片系统形成了鲜明的对比，暖气片需要大量的能量才能达到一定的温度，既昂贵又浪费能源。

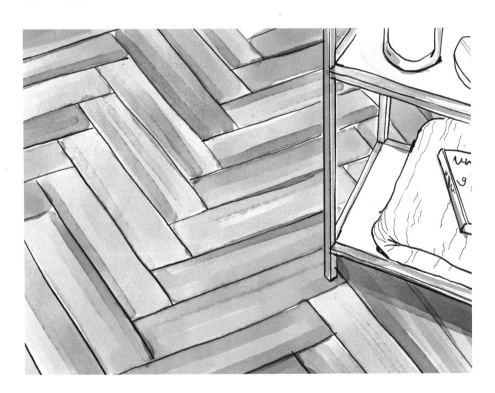

市面上主要有两种地暖——水地暖和电地暖。为了更加了解这两种地暖，我咨询了有二十多年行业经验的开发商和项目经理汤姆·派克（Tom Pike），他了解各种相关知识。

水地暖有三种安装方法。第一种是将管道埋在水泥里，外面裹一层光滑、平整的砂浆，再将地板铺在上面。这种方法最适合全新或扩建的房子。然而，这种地暖升温比较慢，温度到达砂浆层后才能到达地板，再从地板处扩散到整个房间里。

第二种方法需要重新铺地板，最适合地板悬在托梁上的老房子。使用这种方法的话，需要将所有地板掀开，安装隔热层，并且将地暖管道安装在托梁两侧。隔热层非常重要，有了隔热层才不会加热地面，而是加热上方的整个房间。这种方法工序较多，人力成本昂贵。

第三种方法是将管道铺在地面上。这种方法最便宜，但也有缺点。由于加热系统被直接安装在现有的地面上，顶部又铺了一层新地板，会让地面至少升高40毫米，因此要重新规划所有门的高度。除此之外，还有其他缺点。例如，在一楼使用这种方法安装地暖，会让人感觉楼梯的最后一级突然变矮了；在装修好的厨房中用这种方法安装地暖，会让人感觉操作台面变矮了。如果是在装修厨房、安装楼梯之前安装地暖，就可以考虑这种方法。一定要事先看看各个房间的地面高度。如果只在一个房间里安装地暖，就会造成两个房间的地面高度不一样，仿佛形成了台阶。

如果只在卫生间、淋浴房或者厨房等小块区域内安装地暖，电地暖是更好的选择。电地暖更容易安装（也更便宜），木地板和瓷砖地板都适用。

可以咨询装修工人（以及生产商）哪种地暖更适合自己的房子。还有一点需要注意，目前电能比燃气更贵（燃气也许能为水地暖加热），不过，随着风能和太阳能的发展，电能的价格会降低，使用电能有利于碳中和的实现。而水地暖永远不会有助于实现碳中和。

最后，如果选择安装地暖，就不要购买厚重的长绒地毯，否则热量无法穿过地毯到达室内。

还有一个提示：如果在卫生间里安装电地暖，可以考虑在墙上安装一组额外的地暖管，再在上面加几个挂钩。这样室内就能更快升温，也能让毛巾干得更快。

关于设计儿童房的注意事项

不要指望一个房间就能满足一个孩子从婴儿时期到18岁的所有需求。婴幼儿阶段大概可以持续到孩子上小学之前。这一时期的儿童房装修可以用到小学毕业，最晚不超过初一入学。根据我的经验，孩子在5岁左右和12岁左右的时候会想改变房间的装修。到了14岁左右，他们又想对房间做出改动。如果这个阶段装修得比较好，可以一直用到青少年时期结束。

1

应该在大约每5年就要重新装修一次儿童房的基础上，相应地计划装修预算。新生儿时期是最短的，装修费用理应最少。然而，很多人第一次当父母，非常兴奋，通常会在不必要的东西上也花很多钱。

3

关于颜色的一些提醒：黄色非常容易使人兴奋——如果你希望能拥有良好的睡眠（不会一直被婴儿吵醒），那么在将婴儿房刷成明媚的黄色之前，一定要三思；无论灰色看上去多么中性，它始终不是令人愉悦的颜色。

2

一定要买高档的尿布台吗？一张带抽屉的普通桌子显然就够了。也可以考虑上面有可更换软垫的矮五斗橱。产假期间，我基本上是在自己的书桌上给儿子换尿布。

4

如果预算紧张，就不要购买小型桌椅。孩子长得很快，小型桌椅很快就不能用了。另外，孩子10岁之前通常都是在地板上玩，在此之前可以不买书桌。

5

孩子的年纪越小，需要的玩具越大。到小学毕业时，大型的游戏屋、玩具卡车、积木基本都是多余的，可以用不占地方的电子产品取代。

6

孩子们大部分时间都在地板上玩，所以全屋地毯是一个很好的选择。如果你不喜欢全屋地毯，可以买一块比较大的块状地毯，铺在海草垫或者地板上。不管铺在哪里，地毯都会被孩子们弄脏、弄坏，因此，不要花大价钱买地毯。

7

上了初中的孩子会花更多时间和同伴待在卧室里。一张书桌、一对懒人沙发、一张沙发床都适合这个阶段的孩子。

8

我发现最好的储物方法就是在墙上钉一排夏克式木楔，可以用来挂衣服（直接挂在单个木楔上或者用衣架挂在木楔上）、成袋的玩具、成袋的头饰、用绳子串起来的照片、帽子、闲置的椅子等物品。将东西挂在挂钩上，比整齐地收进抽屉里要容易得多。

9

给孩子一定的自主权。如果担心孩子选择的颜色太糟糕，可以事先选定几个你喜欢的颜色，再让孩子从中选择（见问题7）。

涂料与装饰

Painting & Decorating

24 / 怎样处理毛坯墙和墙面上的孔洞?

专业的装修工人之所以收费贵，原因之一就是他们将准备工作做得很好。举例来说，如果你想安装中密度纤维板架子，专业工人会先打磨架子、填充螺丝孔，然后再次打磨、密封，最后才开始刷漆。如果是我，我会胡乱地刷上油漆。

说到刷墙，准备工作是关键。在粉刷之前，要先修补墙上所有的缝隙和孔洞，并且打磨平整。讲究的人还会用墙面清洗专用剂清洁墙面。如果墙壁因长期受潮留下污渍（假如房子容易受潮，首先应该处理这个问题），需要刷一层津色牌（Zinsser）底漆，这种底漆能够封住污渍，防止刷完后依旧可以看到污渍。先刷底漆，然后按常规顺序刷墙。

现在来说一说刷墙工具。斜角刷适合刷墙角和其他边角。先用刷子勾勒墙的边线，再用滚筒填充大面积的墙面。有些人不喜欢滚筒，因为它们会留下波纹状的痕迹。然而，使用滚筒效率更高，而且能将油漆刷得很好。滚筒确实会将油漆弄得到处都是，刷墙之前一定要将其他东西都盖上。

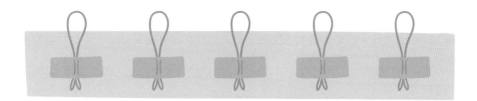

25 ╱ 不同的墙面使用什么样的油漆？

向出版商推荐这本书时，我就在思考这个问题。我想将博客里最常被问到的问题编入其中，而"不同的墙面使用什么样的油漆"就是迄今为止最常被问到的问题之一。踢脚线用什么样的漆？墙壁和木制品可以用一样的漆吗？亮光漆有什么用？蛋壳光乳胶漆的作用是什么？下面就来谈谈这个最常被问到的问题。

首先从面积最大的地方——墙面开始谈起。墙面一般使用乳胶漆，它是标准的墙面漆。需要注意的关键是光泽的比例。近几年比较流行的是超平亚光漆，这种漆带一点白石灰的质感，也能很好地保持颜色，营造一种表面非常柔和、近乎粉状的质感。它会随着光线的变化呈现不同的效果，有时候看起来像天鹅绒。由于这种漆会随着天气、气候和时间的变化呈现出不同的效果，因此很难准确地找到想要的色调，但它的确是非常漂亮的油漆。

然而，这种亚光漆的漆膜硬度不够，容易留下指印和黑色印迹，也很容易碎裂。如果用在门厅里，简直是自找麻烦，而且墙面上的印迹无法擦掉。所以，在门厅、楼梯等高频活动区内使用这种油漆是不实际的做法。

带白石灰质感的油漆通常只有2%到3%的光泽度。不过，它的优势是能够掩盖墙面上的凹凸之处，让墙面看起来更加平滑。因此，你可能不得不在平滑的墙面和手指印之间进行权衡。

如果你想在厨房、卫生间等地方使用乳胶漆，那就选择光泽度较高的，或者名字里有"现代乳胶漆""湿漆""大理石""智能"等字眼的乳胶漆。除了这些，还有很多种乳胶漆可供选择。例如，多乐士有一个倍护系列，既可以防霉菌，也能有效地抗油污及其他污渍——上面的污渍会变成容易擦掉的小液滴。这是基于植物叶片的疏水性。门厅、楼梯和楼梯平台这些人们常常走动的地方容易造成磨损，要选择有一定光泽度的油漆。

亮光漆曾被广泛地用在木制品上，如今已有些过时。亮光漆的韧性是其受欢迎的原因之一。亮光漆有一定的延展性，非常适合木头材料，因为木头会随着温度的变化而膨胀、收缩。如今，更亚光、更柔的蛋壳光乳胶漆更流行。实际上，花钱买东西，就要承担不尽如人意的风险。

亮光漆需要更长时间才能变干。以前的亮光漆都是油性漆，现在则不同，有很多不同表面的水性漆。但是要注意，白色油性亮光漆含有树脂，时间久了会变黄。水性亮光漆保持白色的时间更长。

还记得我说过墙面可以用乳胶漆吗？现在，一切都变了，亮光漆不仅能用在木制品上。它的光泽度和耐久性意味着能反射光线，如果选择深色的亮光漆，将它涂在有光泽的表面上会非常漂亮。将亮光漆涂在天花板上也很不错，虽然更难操作，但是如果应用得当，看起来就像高档天然漆。刷了亮光漆的墙面很容易保持干净，可以用在墙面的下半部分——例如门厅的墙面上。墙面的上半部分可以使用同一颜色的亚光漆（见问题39）。配合传统护壁条的分界线，看起来非常现代，也能为无趣的全新建筑增添一点有趣的元素。我在阁楼的小卫生间里刷了海军蓝亮光漆（除了贴瓷砖的部分），墙面看起来美极了。水珠不会让墙面看起来不美观，墙面也能很好地将屋顶的光反射回去。

如果要粉刷暖气片，可以选择金属漆，也可以选择和墙面相配的油漆，再刷两三层蛋壳光乳胶漆，就可以得到完美的效果。

瓷砖可以选择专用漆，对租客（在房东允许的前提下）或者预算不够用来重新贴瓷砖的人来说，是个不错的方法。关键在于做好准备工作，刷的时候也要细致。刷漆之前，最好刮掉瓷砖上脏污的旧水泥，或者用增白笔将瓷砖翻新。如果你不喜欢瓷砖漆的颜色，可以先在瓷砖上刷一层底漆，再刷一层亮光漆，使之形成坚固的表面。

最后要说的是地板漆。我用过珐柏牌（Farrow & Ball）的水性地板漆，虽然漆膜硬度没有小格林牌（Little Greene）的油性漆那么强，但是干得更快——装修时还住在房子里，是考虑用这种漆的主要原因之一。如果是重新装修，或者还没搬进去，我会考虑给地板刷油性漆。有人推荐朗秀牌（Ronseal）钻石硬度地板漆，这是一种丙烯酸油漆，只有十种基础颜色，包括白色、奶白色、黑色、岩灰色、橄榄绿和赤褐色等。不过，大部分人都喜欢柔和点的色彩。

26 / 怎样给硬PVC门和窗户刷漆？

以前，如果选择了塑料窗户，就只能一直使用塑料窗户，无法改变。塑料窗户的优点在于能有效地防风。虽然有些人能够习惯塑料窗户的外观，或者用室内窗帘等遮挡，但实际上没人会认为一扇又大又旧的厚重塑料门有多美观。

不过，我们可以给塑料门窗重新上色。首先刷一层朗秀牌多功能底漆，可以用刷子刷漆，也可以买喷漆，效果确实像广告中那样好。还有一种推荐的方法——先将硬PVC材料稍稍打磨（用1200目砂纸），让底漆可以牢固地附着在表面上，再用湿毛巾擦一遍。门干透后，在表面上刷一层普通油漆。这种底漆也适用于金属门，但是不能用在生锈的门上。

如果选择使用喷漆，要注意普莱斯蒂科特牌（PlastiKote）的喷漆需要更长时间才会变干。喷涂窗户时，需要用胶带仔细地封好玻璃。有条件的话，可以将玻璃都拆下来。这种方法也存在问题，如果用这种漆刷门，必须等油漆干透才能关门，不知道要等多久，并不方便。

最后一种方法是使用津色牌外用漆，品牌方声称这种油漆不需要底漆，也不需要打磨，一个小时后就能刷第二层。事实上，这种速干的特点会让一部分人认为是种劣势，因为必须尽快完成粉刷。一定要朝同一个方向均匀地刷，再用砂纸磨平粗糙的地方。接着刷上薄薄的第三层漆。刷漆的时候不可避免地会留下刷痕，有些人认为刷痕让表面看起来更有颗粒感、更像木头。

27 / 怎样使用喷漆？

生活中可能会遇到这样的情况：你看中了一盏漂亮的灯具，可它是灰色的，不是你想要的金色的；或者你已经为黄铜水龙头花了一大笔钱，却找不到合适的地漏。喷漆可以解决上述问题。它可以用在那些会淋到水的部件上，只是操作起来有些棘手。被称为"怪奇女士"的塔尼亚·詹姆斯（Tania James）是"怪奇与救援"设计团队的一员，她经常使用喷漆，并且在下面分享了她的建议。

塔尼亚 · 詹姆斯

（也称"怪奇女士"）

首先，一定要在室外操作，因为沾在其他家具和墙壁上的油漆颗粒很难除掉。

要在室外操作的另一个原因是喷漆气味刺鼻，记得戴好口罩。

必须事先将待喷漆的物品清洁干净并刷上底漆——我一般会将物品整体喷成白色，白色是很好的底色。

将物品放在底座（例如裹上塑料袋的倒置油漆桶）上更容易操作。这样很容易喷涂所有可见的表面。

最好喷两到三层薄漆。第一层漆必须薄得可以看到底漆。离得太近或者喷得太厚都会导致物体表面形成水滴状的油漆点。喷漆的时候尽量保持15厘米的距离，并且用湿布迅速地将油漆点擦掉。如果油漆干了才发现油漆点，可以用很细的砂纸打磨掉。

每一层漆都完全晾干后才能开始喷下一层，有时可能需要等待一整夜。

我喜欢爱丽牌（Rust-Oleum）的油漆产品，有很多不同的饰面，包括高光、亚光和缎面。如果你想喷涂的物品表面本身就很有光泽（例如光滑的塑料），可以试试用于汽车的底漆。这种底漆只有灰色的，晾干后再刷一层普通的白色底漆，就能形成很好的基底。

28 / 全屋色彩怎样才能搭配协调？

我总是被问到这个问题，虽然我认为大多数情况下不用过多努力就能解决这个问题，但是确实存在一些可以保证全屋色彩协调一致的技巧。每个人都会被所含颜色互相协调的某一色系吸引，也会被某种装修风格吸引，二者可以相互搭配。例如，我在每个房间中都装饰了一些粉色——从卧室的墙壁到客厅的抱枕，再到楼梯上暗红色的斑点地毯。

你可以从中找到关键元素。如果家里有楼梯，一切都从楼梯开始，它是全屋的色彩焦点，也就是说，它是全屋色彩装饰最重要的部分。普通公寓没有楼梯，那么门厅或者大门就是色彩焦点。如果你喜欢这些地方的颜色，可以将相关元素用在其他房间里。

所以，你可能和我一样，有一间白色的门厅，楼梯上铺着暗红色的斑点地毯。楼梯连接着巧克力棕色调的客厅，白色地板上铺着暗红色的波斯地毯。厨房里有巧克力棕色的厨柜和粉红色的盘子，其中一面墙和一扇食品储藏室的推拉门被刷成粉色。楼上的卧室被刷成淡粉色，靠床头的那面墙是深绿色的，还有配套的深绿色架子。套内卫生间也是深绿色调，卫生间里的窗框是淡粉色的。

我的播客搭档索菲·鲁宾孙（Sophie Robinson）喜欢钴蓝色。她家的门厅就刷成了钴蓝色。她有一间白色调的办公室和一间浅粉色调的客厅，客厅里摆着一张钴蓝色的沙发。整座房子里都有蓝色的元素，甚至连她的衣柜里也是一片蓝色。

确定一种颜色（不一定非得是中性色），然后全屋都采用这种颜色。可以将某些墙壁刷成这种颜色，并且在其他地方零星地使用相关元素。如果你希望墙壁是中性色的，那么就确保沙发、床罩、厨房挂画和餐椅都与这种颜色有关。没必要整间房子都用同样的颜色，只要属于同一色调，就不会显得太刻意。

我家中的颜色从最浓的暗红色到最淡的浅粉色都有，但它们在色调上很协调。其他房间中的颜色包括绿色、灰色、巧克力色、米色、石灰白和海军蓝，办公间的天花板甚至是金色的。

29 / 怎样搭配颜色和图案？

如果一个设计方案不太协调，看上去就会过于个性化（就像只浏览一家购物网站，将所有东西都加入购物车一样）。因此，知道如何正确搭配很有必要。

首先，全屋的颜色在色调上要协调。不知道怎样做的话，可以参考色卡。例如，珐柏牌色卡的颜色都很协调，因为它们属于同一色系。如果添加了多乐士牌的某个明亮色调，就会打乱整个色彩体系。

　　一个正在快速发展的新设计理念是：在一个房间里混合运用不同的颜色。这种理念叫作撞色搭配。例如，室内设计博客"法语菠萝"（French for Pineapple）的主理人比安卡·霍尔（Bianca Hall）绘制了一个对比色的方形色块，将她挂在餐厅里的一系列画作框起来。还有一个技巧是，在靠床头那侧的墙面上向上画一条直到天花板的宽色带，营造自带顶篷的效果。如果有同一色调的色卡，你甚至可以将墙壁和天花板刷成不同的颜色——博客"漫步之家"（Mosey Home）的主理人玛丽·勒·孔泰（Mary le Comte）在她儿子卧室的天花板上画了一系列对比色的正方形和三角形，让那里变得有趣起来。

　　一旦使用了同一色调，就可以混搭不同的图案，也会很协调。可以使用夸张的

花卉图案、不同颜色的成套素织品、写实图像，也可以使用条纹和几何图案。柔和的花卉图案搭配黑白条纹非常漂亮，而黑白几何图案搭配霓虹色调也很适合。请尽情尝试不同元素之间的搭配组合，直到找到满意的组合。

也可以混搭不同形状和尺寸的抱枕。如果要混搭地毯，会有点难度——不过，块状波斯地毯的颜色和图案往往很协调，可以轻松地混搭在一起（见问题13）。但是，我不会将现代几何图案地毯和波斯地毯搭配在一起，两者不太相配。

30 / 白色怎么样?

白色的问题在于它是一种默认的颜色。不知道该选哪种颜色？那就选白色吧。我对白色没有任何意见，我家里也有很多白色调（我说的是石灰白，而不是亮白）。我想讨论的是选择白色背后的原因。选择白色的天花板是因为你喜欢白色，还是建筑工人以为你喜欢？挑选家具也面临着同样的问题。

我曾说过，如果在配色上犹豫不决，看看自己的衣柜就知道了。我有一个问题：不管搭配什么样的下装，你是否总是穿白色上衣？我猜答案是否定的。你可能有粉色、绿色、黄色或者条纹的上衣，你会选择跟下装最相配的颜色的上衣。所以，如果天花板是非常浅的淡粉色，钴蓝色的房间就会美得惊人。这种粉色也能搭配深红色或者暗绿色。我办公间的墙、门和木制部分全是淡粉色的，壁炉是暗红色的，天花板是金色的，根本没有白色的存在。

如果你不敢大胆地将面积很小的房间刷成深色，那么可以选择一个浅一些的颜色，将整个房间（包括木制品、墙壁和天花板）都刷成这个颜色。这就是我们采取的策略，甚至可以应用到地板上。这种方法不会吸引人们注意房间的边缘和空间的限制，因此会让狭小的空间看起来更大。

与淡粉色相比，你可能更喜欢淡蓝色或暖色调的石质颜色。如果想让房间的木制部分与其他地方形成反差，也可以使用这个方法。所选的颜色不需要与墙壁相配，但是如果想做成对比色，那就选择两种相近的颜色，而不是默认的白色。

看看你衣柜里带图案的衣服是如何搭配的。粉色的墙壁搭配浅土黄色的天花板十分惊艳，或者用暗红色搭配金色，也可以用海军蓝的墙壁搭配薄荷绿的天花板。我并不是不用白色——我想说的是，在仔细思考之前，不要轻易选择白色。

31 / 如何挑选出合适的颜色？

我无法给每个人一个明确的回答，但是我可以告诉大家去哪里寻找答案。我一般建议客户首先从他们的衣柜里寻找答案——你喜欢穿的颜色就是让你住着舒服的颜色。这个方法并不是任何时候都适合所有人，但确实是个很好的方向。然而，如果不想将所有的墙壁都涂成某个鲜艳的颜色，可以只粉刷天花板，或者买一件同一色调的物品，如椅子或靠枕，再根据这个颜色来选择其他颜色。

选择油漆的颜色很难，因此，从一个确定要摆的靠枕或者一件家具开始会很有帮助。另一个着手点可以是一幅喜欢的画，也可以是曾去过的一个让你感到快乐的地方。想想在那里看到了哪些颜色以及哪个颜色是你最喜欢的。如果不确定什么颜色与先前选择的颜色相配，可以去布料店看看样品册，从中获得颜色搭配的灵感。也可以浏览网上的壁纸设计，在那里找到自己喜欢的壁纸或者墙布并不是不可能的事情。

务必在施工现场试试选定的颜色，因为最终效果会根据光线的不同而有所变化。在自然光或者灯光下看的话，北面的光偏冷蓝色，南面的光偏暖金色。一定要先试一下，这只是油漆，如果选错了，也很容易替换。

去年，我说服丈夫将空房间的天花板刷成金色。其实他也比较赞同这个想法，于是我们决定将墙壁的上半部分刷成淡胭脂红，护壁条下方刷成暗红色——与暗红色的楼梯地毯呼应。装修期间，我出差了三天。在从机场回家的路上，我发短信问丈夫效果如何，他回答："有点20世纪70年代印度餐厅的感觉。"不用看装修效果，我就知道他说的是真的。我们又花了一个周末在暗红色上刷了一层淡粉色，结果我非常喜欢这个颜色，决定不再让这个房间闲置——它成了我的办公间。那个周日的晚上，我已经在易趣网上买了一张桌子，第二周就搬了进去。

即使犯了错，也不用担心。每个人都会犯错。重新装修确实要花时间，或者多付部分装修费用，然而，这些努力最终都是值得的。没有比因为不喜欢房间的色调而不使用它更糟糕的事了。

32 ／昂贵的油漆值得购买吗？

简短的回答是，什么时候昂贵的油漆都值得购买。除非你每隔一段时间就重新装修一次，那种情况下买昂贵的油漆并不划算，因为也许只隔了一年就更换了油漆。对不会这么做的人来说，昂贵的油漆非常值得购买。

首先，昂贵油漆中的着色剂来自天然物质，如岩石和矿物，它们有复杂的结构。这是它们会根据外部天气、一天当中的时间变化呈现不同亮度的原因。寻找合适的灰色调的过程也许会让你极为恼怒，但成功找到会很有成就感。涂有混合多种颜色的油漆的墙壁，在阳光下看起来就像天鹅绒一样柔和。

便宜的油漆颜色始终如一，没有这样的特性。便宜油漆的颜色层次也没那么丰富，所含的着色剂更少（便宜油漆的着色剂可以人工合成），而且含有更多水分。正是由于这个原因，用便宜油漆配色，通常达不到很好的效果。配色能否成功全凭运气——我曾经尝试调配一种有年代感的绿色调，最后根本不能用，白白浪费了许多钱。这也意味着，必须混合多种颜色（在油漆用光了或者想要润色的情况下），否则就无法配色成功。

好油漆确实价格昂贵。如果发现自己喜欢的油漆价格比较便宜，可以买来用在门厅、楼梯和楼梯平台等高频活动区内。不管油漆的质量如何，这些地方都需要定期涂刷和清洁。既然谈到清洁，我必须说明的是，很多人喜欢的单调的石灰白油漆很容易变脏，而且很难清理，最好不要在高频活动区内使用这种油漆。可以选择有轻微光泽度的现代乳胶漆，很容易擦干净（见问题25）。

在客厅和卧室中使用昂贵的油漆是值得的，你会感受到便宜油漆不具备的色彩深度。

现在，昂贵油漆的生产商可能会告诉你，它们的产品用量更少，比便宜的油漆更值得购买。我不同意这种观点。在使用低VOC（挥发性有机化合物含量低）水性漆的时代，这些油漆似乎都要刷好几层才能附着——刷的层数越多，颜色的层次越深、越丰富。

　　说到化学制品，值得一提的是环保油漆越来越受欢迎，因为人们越来越意识到要处理剩余油漆、空油漆罐和里面的化学物质。

　　就像有机食品日益成为富人才能负担得起的消费品一样，昂贵的油漆似乎也是如此。如果预算有限，不够用来买昂贵的油漆，至少要选对颜色，才不至于重新粉刷。

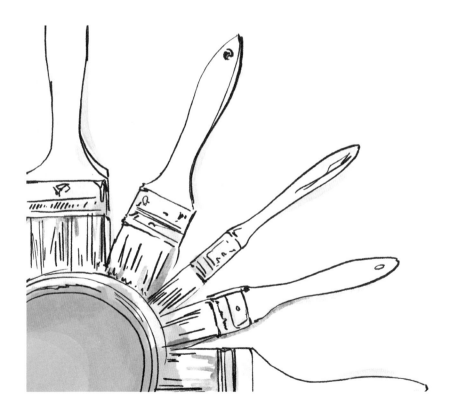

33 / 为什么要买试用装？

不同电脑的分辨率不同，仅从屏幕上看，无法看出油漆的真实颜色。在我的电脑屏幕上呈现出灰色，在你的电脑屏幕上可能是蓝色；在我的电脑屏幕上呈现出柔和的石灰白，在你的电脑屏幕上可能是深黄绿色。这是要买试用装的第一个原因。

第二个原因是，只有亲自尝试，你才知道什么颜色的油漆刷在墙上比较好看。油漆的颜色会发生很大的变化，取决于你在北面房间冷蓝色的光线中看，还是在南面房间暖金色的光线中看；也同样会被墙壁前方的沙发的颜色或者和墙面衔接的地板的颜色影响。我花了很长时间寻找适合卧室的胭脂粉色，因为大部分颜色都太偏桃红了，我都不喜欢。两年后，我尝试了灰色。我在蓝紫色的底色上刷了一些灰色，结果发现非常适合朝南的房间。我们也在朝北的套房中使用了这种混合色，效果完全不同——色调更冷。

几年前，我去拜访一位客户，她想为卧室和一间空房间做最后的装修收尾工作。我们走进朝南的大房间，里面有黄铜灯饰和一张法式大床。墙壁上那种淡淡的蓝色令人惊叹。这是珐柏牌的"借来的光"色号，生产商将它形容为从小窗中看到的夏天天空的颜色，实在是美极了。我们闲聊着羽绒被和床头柜，然后走进后面的房间——那间空房间。

我发出感叹："天哪！我明白你的意思了。走进这里感觉非常冷，也不想走进来，是不是？墙上刷的是什么颜色？"她没有说话。你应该猜到了，就是"借来的光"。所以，一定要买试用装。

自然光从不同方向照射过来时，油漆颜色会产生变化，一定要注意。除此之外，还要看看油漆在白天的日光和夜晚的灯光下的变化。

如果你还没有购买试用装的想法，我想告诉你，油漆不仅会随着光线的变化而变化，还会因搭配的家具不同而呈现出不同的效果。特别是灰色油漆。如果选择冷灰色油漆，可以多搭配原木家具，天然木材的颜色能给房间增添一丝暖意。在南向或西向的光线中看起来偏米黄色的灰色，可以搭配黑色和银色，增加一些冷色调。

请记住，一定要购买试用装。

34 / 如何使用试用装？

现在，你明白了为什么要买试用装，还需要知道怎样使用试用装。

你需要一些普通的白色打印纸。在纸上涂试用装，纸张底部留一定的空间用来写油漆的名称——相信我，从许多种不同深浅的胭脂粉色中选择一种，你肯定会忘记每张纸上分别是哪种油漆。如果没有记住最喜欢的油漆的名字，你一定会生气。

将涂了油漆的纸张贴在墙上，在自然光和灯光两种条件下仔细观察。也要将纸张放在窗户边、光线最差的角落、沙发旁、地板上好好观察。排除一些颜色，再拿一张纸，涂上没被排除的油漆。将它放在角落里，仔细观察颜色随着光线的变化变得多深以及反光情况如何。此外，还可以将油漆涂在鞋盒里，观察颜色的变化。

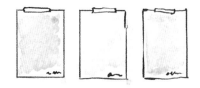

35 / 门和窗户选择什么颜色?

通常情况下,我建议门和窗户的颜色要与墙壁的颜色相配——英国乔治王朝时期的房屋就是这种风格。这种风格如今依旧非常时髦。此外,如果墙壁的颜色比较深,那么门窗用白色可能并不是最好的选择,它会和墙壁的颜色形成过于强烈的对比,给人一种房子的主人在勾勒房间轮廓的印象。

如果长长的门厅里有好几扇白色的门,看起来会非常局促、杂乱。而一间色调相同、无缝衔接的长门厅看起来会更加宁静、宽敞。

请记住,门两面的色调不一定要一致。需要遵守的规则是,当门开着的时候,面向房间的那一侧必须和房间里的色调相同。

36 / 暖气片和木制部分应该刷成什么颜色？

暖气片的颜色几乎总是要和墙壁的颜色相配（见问题53）。

将木制部分刷成和墙壁一样的颜色，会让墙壁与天花板看起来更高。通过创造无缝的效果以及模糊空间的边界，也能让房间看起来更大、更现代。

如果将房间的边线刷成白色，就会将人们的目光吸引到这里。（这也让我想起很重要的一点——不是所有的颜色都能和白色搭配，至少没有达到最佳的搭配效果。更多信息可以参见问题30——不鼓励"默认"使用白色。）

话虽如此，如果墙壁是浅色的，那么深色的窗框或门框就能很好地衬托房间内的景象。踢脚线可以刷成浅色，也可以刷成和门窗相呼应的深色。

如果将门框刷成深色，就仿佛具有画框的作用，门里的房间就成了"画框"中的"画作"。如果门里的房间的墙壁上挂了一幅画，记得检查这幅画在深色门框这副"画框"中的位置——"画框"中出现了画的一部分，会将人们的目光吸引过去。如果挂的是一幅很小的画，能全部呈现在"画框"中，那么这幅画一定要位于"画框"正中，否则效果会让人非常不舒服。

37 / 天花板选择什么颜色？

如果已经花了大价钱为墙壁挑选了绝妙的颜色，为天花板挑选同样美丽的颜色难道不合理吗？尽量为天花板挑选一个合适的颜色，不要只默认使用白色。可以用淡粉色的天花板搭配海军蓝的墙壁，用赤褐色的天花板搭配灰色的墙壁……天花板不一定必须是白色。

在天花板上贴壁纸，效果也不错。在卧室的天花板上贴壁纸是个不错的主意，因为我们在卧室中的大部分时间都是躺着的。如果你为墙壁选择了浅色或者中性色，令人赞叹的天花板就能很好地增加视觉冲击力，并且不会喧宾夺主，吸引过多的目光。天花板通常被看作第五面墙，如果你也这么认为，为什么不展示一下它呢？尤其是当你安装了华丽的吊灯时，天花板就成了漂亮的背景。

如果为墙壁选择了浅色，那么为天花板选择与之相配的颜色，会模糊房间的边缘，让房间看起来更大。如果为墙壁选择了深色，也为天花板选择深色将是非常大胆的尝试。这种搭配的确很精妙，但并非所有情况都适用。如果挂画线比较高，天花板的颜色从边缘向下和挂画线相接，视觉效果会很好。在天花板特别高的房间里，深色的天花板会使墙壁看起来更矮，让房间看起来没那么高。这就需要大家做出抉择。我住的老式房子房间狭窄，天花板高约2.4米。因为我可以接受在视觉上损失一点高度，就将墙壁顶部刷成了跟天花板一样的颜色。将墙壁的顶端刷成深色，能让墙壁看起来更高，但是会勾勒出房间的轮廓，整体上看起来更小。

38 / 要不要做装饰墙？

　　装饰墙在20世纪80年代特别流行，几乎每户人家的每个房间中都有一面和其他墙面颜色不同的墙。这就是问题所在。如果墙面值得突出和展示，做装饰墙没什么问题。然而，通常情况下，墙面并没有值得突出展示的地方。为什么沙发后面的那面墙的颜色和其他墙面不同？实际上没有特别的原因，只是随意的选择。不带任何目的的随意装修是这本书中和各位读者在装修过程中应尽量避免的问题。我们所做的决定是基于对那六大主要问题的思考，而答案永远不会是"随意选择一面墙并将它刷成不一样的颜色"。

通常，将一面墙刷成与其他墙面不同的颜色，会让别人误以为油漆不够了。如果到处设置装饰墙，会透露出你对自己的选择没有信心。尽管如此，也有例外。如果某面墙的建筑结构与其他墙壁不同——换句话说，它本身就是一面真正有特色的墙（而不是你想将它刷成不同的颜色），那么就可以将它做成装饰墙。如果房间又长又窄，而你希望房间看起来更宽敞，设置装饰墙就是一个有效的方法。将房间尽头的墙壁刷成不一样的颜色，可以让这面墙看起来更近，让房间看起来更短，弱化房间的狭窄感（见问题10）。

另一个例外是床头靠着的那面墙。色彩夸张的墙面看上去仿佛是床头板，用来搭配软包床的话，会让床显得更大、更奢华，效果很不错。这面墙也很适合贴壁纸，可以突出床头板。当你走进房间，看见床头墙与其他墙面的颜色不同或颜色特别鲜艳，会觉得整个房间更有趣。而且，睡觉时不会看到这面墙，浓烈的色彩或者夸张的图案并不会影响睡眠。

然而，将壁炉腔刷成与其他墙面截然不同的颜色并不能达到很好的效果。装壁炉的那面墙本身就有明显的特点，为什么还要增加其他特色呢？在过去的十年里，这种设计随处可见，如今已经过时了。如果你在壁炉烟囱两边的壁龛中摆放了置物架，比较好的做法是将置物架的背板刷成对比或者贴上对比色的壁纸，突出摆放在置物架上的物品。我特意使用了"物品"这个词——如果置物架仅仅用来放书，那就没必要这么做，因为书本往往会完全填满整个置物架。

如果你选中了某种颜色，但不想将四面墙都刷成这种颜色，那么可以考虑在同一面墙上刷两种颜色。如果设置了护壁板或挂画线，最好将护壁板或挂画线下方的墙壁刷成一种颜色，将上半部分和天花板刷成另一种浅一些的颜色。如果没有设置护壁板或挂画线，可以在胳膊肘到肩膀之间任意选择一个高度作为分界线。理想的情况是，分界线比墙腰高一些（见问题39）。

这是一个两全其美的方法，既大胆地使用了色彩，又没有只用一种色彩填满整个墙面。值得注意的是，深色在下半部分看起来更美观，但这并不是一条硬性规则。

墙面使用不同颜色的油漆也是给房间分区的一个有效方法，但是需要考虑两点：第一，能否将两面相邻的墙壁刷成同样的颜色，使之形成一个分区角落；第二，也要考虑将整间屋子中所有的踢脚线（以及门）都刷成同样的颜色。这样，装饰墙就成了整个设计中的一部分，整个房间看起来更加流畅。

有一面墙天然地可以作为装饰墙，那就是天花板（见问题37），它是房间中的"第五面墙"。我办公间里的"装饰墙"非常漂亮，其余四面墙都是淡粉色的。

39 / 如何设计双色墙?

在一个房间中使用比较浓烈或者偏暗的颜色是个不错的主意。但是，首先，你必须读过本书中有关装饰墙的内容（见问题38）；其次，这种色彩不能用得过多。

维多利亚时期的房子中通常有半墙高的护壁板或椅子。屋内墙壁的上下部分被刷成两种深浅不一的颜色，或是上半部分贴了壁纸、下半部分刷了油漆，这样的现象并不少见。直到几年前，人们还认为在没有护壁板的情况下，墙的上下部分颜色不一的设计很奇怪。然而，时代变了，现在这种设计看起来既时髦又美观。

如果将客厅墙壁的下半部分涂成深色，就可以让电视"隐藏"起来。在门厅墙壁的下半部分刷上亮光漆，可以方便地擦掉脏手印以及滑板车和自行车造成的刮痕。

当然，最大的问题还是怎样才能在两种颜色或质地不同的油漆之间打造一条完美的直线。我咨询过DIY达人、时尚专家比安卡·霍尔，以下是她给出的建议。

比安卡·霍尔

时尚专家

将整面墙都刷上较浅的那个颜色，或者让较浅的颜色略微超出分界线。要注意淡化边缘，不要在这种颜色消失的地方留下质地不平的线条、滚筒印或刷子印。

接下来，至少24小时后才能在第二种油漆的起始处贴胶带。

在完全固化的老旧油漆上（如果想保留现有的墙面底色）使用绿色的青蛙牌多面油漆胶带来遮盖表面。在新粉刷的墙面上，可以用黄色的青蛙牌精致油漆胶带来划分界限。

　　在想要的高度确定分界线的位置。护壁条的位置大概在距地面90厘米处，挂画线的位置在天花板下方30厘米到50厘米之间。可以用水平尺画分界线，如果想用高科技产品，可以用激光水平仪。

　　如果使用水平尺，首先确定一个想要的水平高度，用卷尺从地面开始向上量，或者从天花板开始向下量。哪种方法容易操作，就采用哪种方法。在这个想要的水平高度上，沿着水平尺从墙面的一端开始连续画线（长度不应超过水平尺的长度），直至墙面的另一端。尽量确保所画的线在同一直线上。如果地面或者天花板不是完全平整的，就要靠肉眼观察，这时，一条完美的直线会让墙面看起来很不协调，加重房间的倾斜感。在这种情况下，尽管画出来的线与水平仪打出来的线不一致，也无须改变。

　　如果使用激光水平仪，就不需要用铅笔在墙面上画线。只要将激光水平仪设置好，打出来的线就会在正确的位置上。因此，可以直接跳到贴胶带的步骤。

　　在画线的地方贴上合适的胶带（上面提到的绿色或黄色的青蛙牌胶带），可以稍稍用力地拿银行卡刮一下胶带，确保胶带牢牢地贴在墙上。

　　根据商家提供的说明，在墙上刷第一种漆，然后等待这层油漆变干。在刚刷完第二种漆时，要趁油漆还没变干，小心地将胶带取下来，让墙面保持清洁。这种方法也可以用来在墙上画条纹。

40 / 什么情况下可以在卫生间里贴壁纸？

如果卫生间的通风条件比较好，也有窗户，洗澡的时候里面不会变成大型水汽分离机，就可以在卫生间里贴壁纸。

现在可以在市面上买到防水壁纸。如果买不到，可以在壁纸上涂一层防水渍和污渍的装饰清漆。不过，这种装饰清漆并不能防止壁纸边缘翘起，一定要将壁纸贴牢。

想了解更多要点，可以参考克莱尔·格林菲尔德（Claire Greenfield）给出的建议。

关于贴壁纸的注意事项

克莱尔·格林菲尔德

哈乐昆[1]（Harlequin）首席设计师

1

首先做墙面准备工作。墙面应尽可能平整，因此要填平墙上的洞。再在抹好泥子的墙面上刷一层胶液，让胶液充分干燥，可以让壁纸贴得更牢。

2

观察壁纸上的图案，选择图案完整的部分——这个部分是贴壁纸的起点。最好从视觉焦点处开始贴。如果有壁炉腔，可以从那里开始。如果没有，就从墙面中间开始，向两边贴。

3

规划好壁纸收口的地方，尽量让图案拼接处落在最不易察觉的地方——例如门的上方。

4

再次检查图案的上下顺序是否正确——壁纸不一定是按正确的方向铺开的。

5

不必担心胶液用得太多，壁纸边缘翘起主要是因为胶液不够。如果壁纸正面沾上了胶液，要立刻用湿毛巾擦掉。

---

1. 英国的畅销家居品牌之一，提供多元化的布艺和墙纸产品。——编注

6

用水平仪或者铅垂线确认第一张壁纸是垂直的。

9

将所有的壁纸贴好后，用一块吸了水的干净海绵擦掉多余的胶液。

7

将壁纸贴到墙上后，还需要充足的时间调整位置，确保壁纸拼接处的图案完整。有时可能要将壁纸揭下来调整位置，不用担心，只要按照说明书进行操作，就很容易揭下来。

10

乙烯基壁纸能够增加质感，适用于卫生间、厨房以及高频活动区。以纸为底布的壁纸（经压花加工而成）有助于吸收噪音。

8

贴好一张壁纸后，让壁纸边缘紧紧地贴住天花板边缘或者踢脚线边缘，再用铅笔轻轻地画线。按照线的位置，将多余的壁纸撕下来。

窗户与门

Windows & Doors

IV

41 / 怎样才能让房间更加明亮?

奇怪的是，如今我们似乎对移动或完全拆除一堵墙这种做法习以为常，然而，当我们搬进一间昏暗的房间时，却什么改变也不做。为什么不试着增加一扇常规的窗户或者天窗呢?

现在，改变房子的外观通常有一些规定：窗户应该离邻居家有多远、要维护邻居的隐私权等。但是，可以在房子背面的墙上添一扇很高的窗户，甚至可以在斜面屋顶上开一扇窗户。从天窗照进来的光是墙面窗户照进来的两倍，因为天窗照进来的光可以照射到更深的地方。

所以，增加窗户是让房间更加明亮的第一个方法。不过，窗户不一定要在室外。室内窗户能很好地将光线从一间屋子里"借"到另一间屋子里。门厅和客厅之间可以增加一扇窗，楼梯平台和后方昏暗的卧室之间也可以增加一扇窗。我在家中挪用了一些厨房的空间，设计了一个楼梯间下的卫生间。我听说博主莉莉·佩布尔斯（Lily Pebbles）也做过同样的事，而且她在非常高的地方增加了一扇室内窗户，将厨房的光线"借"到那间小小的房间里。由于窗户的位置很高，而且安装得很好，并不让人觉得吵，也不影响隐私。

如果无法增加窗户，就只能选择在室内刷浅色油漆。然而，即使是白色油漆，也需要自然光才能反射光线，从而让房间变得更明亮,否则就会看起来很单调。因此，选择一种柔和的白色、浅绿色或浅粉色（任何你喜欢的浅色都可以），然后将踢脚线、墙面、天花板和门都刷成一样的浅色。我之前提过，这种方法可以弱化房间的边缘，营造一种平静的空间感。

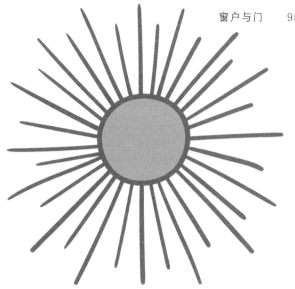

42 ／ 选择哪种百叶窗？

卷帘是最便宜和最简单的百叶窗，但许多人不喜欢在厨房和卫生间以外的房间里使用它。我曾将卷帘固定在吊窗中间，不用时完全看不见。

罗马百叶窗是一种宽幅百叶窗。升起窗帘时，会折叠起来。它有更牢固的窗帘结构，意味着你可以选择天鹅绒材质，营造更华丽的感觉，非常适合客厅和卧室。然而，折叠起来的窗帘会占据大量窗户顶部的空间，可能会遮挡部分光线。便宜的罗马百叶窗容易坏，而且看起来很凌乱。如果选择罗马百叶窗，最好挂在窗框上方的墙上，以免遮挡光线。

软百叶窗的叶片是横条状的，可以转动，起到控制进入房间里的光线量的作用。严格来说，真正的软百叶窗是由金属制成的，给人一种"办公室"的感觉。而且，它们非常容易积灰。

木制百叶窗和软百叶窗类似，但叶片是木制的。即使将叶片全部打开，屋内依旧很昏暗。木制百叶窗可以安装在厨房和卫生间里（注意，厨房里的油烟会吸附灰尘），但是装在卧室和客厅里可能就不那么令人舒适。

百褶帘是一种介于罗马百叶窗和卷帘之间的百叶窗，类似于一种可以卷得很高的极薄的罗马百叶窗。有些百褶帘呈蜂窝状，能够很好地隔热。

垂直百叶窗，顾名思义，就是一种叶片垂直挂在窗帘轨道上的百叶窗。和软百叶窗一样，比起作为家居装饰，更适合办公环境，尽管在二十世纪六七十年代的房子里也能见到它们。我曾见过装在大落地窗前的亚麻材质垂直百叶窗，比最常见的塑料垂直百叶窗柔软、漂亮得多。

向上抽绳式百叶窗看起来像卷边灯笼裤。窗帘挂在两三根垂下来的绳子上，抽起绳子时窗帘就会升起，形成波浪形下摆。

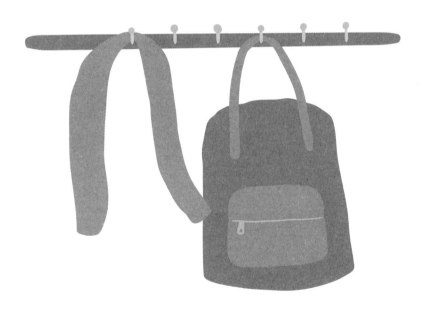

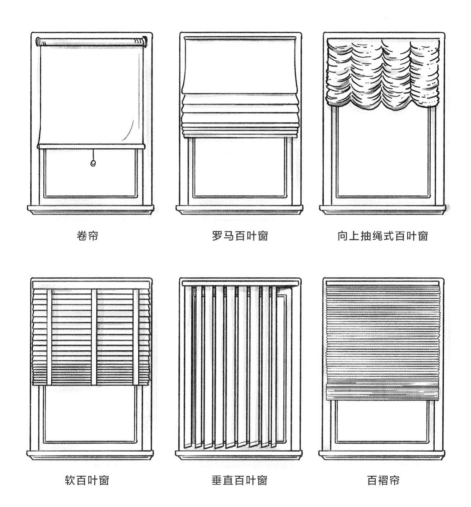

卷帘　　　　　　　罗马百叶窗　　　　　向上抽绳式百叶窗

软百叶窗　　　　　垂直百叶窗　　　　　百褶帘

43 / 选择多大的窗帘布料？

如果不希望窗帘侧边漏光，窗帘就要做得比窗户更宽。窗帘的宽度必须为窗户宽度的1.5倍到2.5倍，才能恰好盖住窗户。首先确定倍数（即窗帘的宽度是窗户宽度的几倍），再用这个倍数乘以窗帘杆的长度，用得出来的数字除以布料的宽度，得出的结果取整数，就能得出窗帘的幅数。如果窗帘上有大块花卉图案，窗帘被拉上时图案要能对得上，因此需要更宽的布料。

还要确定窗帘顶端的褶皱款式。铅笔褶是最简单的款式，也可以选择更精致的抽褶。穿孔型有些过时，布带挂钩款更加老气。布带挂钩款在木质窗帘杆上滑动不流畅，很难拉动。但是，布带挂钩款很容易更换。芬兰人经常季节性地更换窗帘，选择布带挂钩款会让更换窗帘变得更容易。

44 / 为什么不应该忘记窗帘内衬？

窗帘内衬是一个很小的问题，但它绝对是一个值得考虑的问题。与其选择常见的暗米色内衬，为什么不选择与房间色调或窗帘材质相配的内衬呢？我的一个朋友在她家那扇巨大的落地窗上挂了双面窗帘——一面是花卉图案，另一面是条纹图案。不管是从里面还是从外面看，都非常漂亮。

45 / 落地窗帘怎么样？

　　很久之前，房子大多通风良好。如果窗户在暖气片对面，暖气片散发的热空气就会上升，从窗外进来的冷空气就会下沉，并且沿着地板流动，形成气流。将暖气片安装在窗户下方，进来的冷空气被加热后上升，能够确保屋内所有气流都是热的。如今，对现代的双层玻璃窗户来说，窗户保温不再是个大问题，但是，又出现了新问题——落地窗帘会阻挡暖气片散发的热量。这个问题应该怎么解决？

　　如果不能改变暖气片的位置，而短款窗帘的风格并不搭，可以安装百叶窗。晚间室内温度升高后，可以将百叶窗拉下来保护隐私。如果安装的是落地窗帘，要等房间变暖和，才能拉上窗帘，很不方便。百叶窗还有一些额外的保温效果。

46 / 如何为异形窗挑选窗帘？

最常见的异形窗就是多边形飘窗。这种窗户通常很大，所以需要更大的窗帘。窗帘被拉开时，会占用窗户两边很大的墙面空间，还会挡住从有角度的侧窗照进来的光线。

可以买一根贴合飘窗两端角度的窗帘杆。这种窗帘杆的价格比普通的高，但是能确保窗帘可以被完全拉开。用这种窗帘杆意味着墙角会被窗帘占满，不能摆放落地灯或椅子。也可以购买安装在窗户前侧天花板上的窗帘杆，但最终的结果是一样的。还可以安装百叶窗，在两侧挂上仅用来装饰的小型窗帘。这是一种折中的办法，有关装修的许多事情都得采取折中的办法。如果你的房子面积很大，拥有很多墙面空间和方正的大房间，那就不成问题。如果是典型的狭窄的老房子，要好好地珍惜可用空间，窗帘就没什么用处。

另一个常见的问题是，当窗户直通天花板时，没有可以安装窗帘杆的空间。一般的解决方法是将窗帘杆的两端固定在窗框上。如果看起来很奇怪，可以添加一个窗帘盒。这种样式现在并不流行，但是换个角度想想，十年前灰色油漆也不流行。

英国的房子里到处都是奇形怪状的窗户，有圆形、拱形的窗户和天窗。有时，百叶窗确实是唯一的选择，否则只能考虑是否真的需要窗帘。

我遇到的最麻烦的情况是角落里的20世纪30年代的弧形窗户。通常要用窗帘或者百叶窗让这种窗户显得方正。如果想保留窗户的形状（这是一种值得保留的特色），就要放弃窗帘，然后给窗户换上磨砂玻璃或者贴膜。

47 / 除了网眼窗帘，还可以选择哪些窗帘？

可以选择的窗帘还有很多种，其中一定会有你喜欢的，选择最适合你的一款就好。

市面上有许多印着好看图案的玻璃贴膜，将它们贴在窗户上，别人就无法从室外看清室内的情况。可惜的是，从室内也无法看清室外。

玻璃纱是一种非常漂亮的轻薄材料，并不像网纱那么俗气。然而，时过境迁，它已经没那么流行了。不过，人们依旧可以用玻璃纱制作罗马百叶帘，这是更现代的选择。如果只使用玻璃纱，天黑时别人仍旧可以从室外看清室内，可以考虑和窗帘搭配使用。

有一种可以从窗户底部往上拉的百叶窗，使用者可以决定将窗帘拉到多高。这意味着自然光可以从窗户的上半部分照进来，而遮住窗户下半部分的窗帘可以保护室内隐私。另一种替代方案（我曾尝试过）是在上下推拉窗中间安装一副普通的卷帘，然后将卷帘向下拉到底部。这种方法更省钱。

可以通过调整百叶窗叶片的角度达到保护隐私的目的。我总觉得百叶窗会让室内变暗，然而百叶窗非常受欢迎——那些不住在种植园里的人也喜欢百叶窗[1]。

1.20 世纪 50 年代，美国加利福尼亚州的房子都装有大玻璃窗，宽叶百叶窗被引入，作为室内窗户的覆盖物。这种百叶窗被命名为"种植园百叶窗"或"加利福尼亚百叶窗"。——编注

48 / 为什么要更换门把手?

就像电灯开关(见问题71)一样,门把手是我们会触摸的地方,也是我们需要正确处理的细节。就我个人而言,我讨厌那些现代风格的杠杆式门把手。每次进门的时候,这种门把手都会挂住我的衣服,撕坏几处。不过,你们走路的时候可能比我更小心。

市面上有很多可供选择的门把手,值得仔细挑选。你喜欢黑色的、黄铜材质的还是陶瓷材质的?复古的还是现代的?圆形的还是椭圆形的?我通常会从观察适配房子建造年代的设施入手。

然而,并不是每次都能选到合适的。维多利亚时期流行门朝里开,从而保护里面的人的隐私。如今,这已经不是什么大问题了,并且如果门朝里开,开门时会占用很多室内空间。更换合页更能节省空间,让门朝向距离最近的墙角,会有更多摆放沙发或椅子的空间。

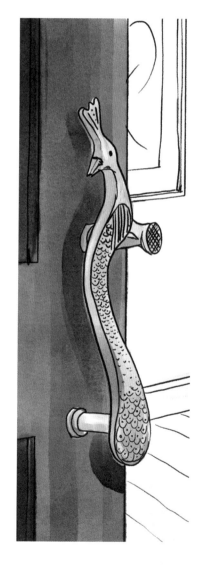

49 / 为什么要考虑不同风格的门？

我们一般不会随意更换房门。如果你想彻底翻新房子，并且屋内的天花板很高，那就可以考虑换一扇更高的门。这样不仅能让人进门时更加舒适，而且会让室内显得更宽敞、更有气势。谁不想达到这样的效果呢？或者可以在现有的门上方安装一块玻璃，让更多的光线照进来。

将一扇门分成两半，做成折叠门或者两扇小型双开门，也是很不错的主意。我家有两个地方安装了这种门，而不是推拉门。在第一段楼梯的顶部有一间非常小的淋浴房，由于空间有限，无法安装推拉门。选择普通门的隐患在于，如果淋浴房里的孩子猛地开门出来，可能会撞到另一个正在上楼的孩子。我们的解决方法是让装修工人将门分成两半，在中间安装合页。这样，门在打开时会自动折叠起来，只占用一半空间。

当我们为了将隔壁房间做成套内卫生间而打通卧室墙壁的时候，也遇到了同样的问题。无论朝向哪个房间，一扇正常大小的门都会占用很多空间。于是，我们决定将门分成两半，固定在两边的门框上，做成一个狭窄的双开门，避免占用太多空间。举这个例子是为了提醒大家不必忍受家中不合适的门，有许多好方法让它们变得更适合自己的房子和生活。

50 ／什么情况下推拉门能发挥作用？

推拉门是节省空间的"能手"。我家厨房的角落里有一个小杂物间，多年来，我们一直为它狭小的空间而苦恼。某天，我们突然意识到，杂物间的门朝里开会影响使用，导致我们失去了整整一面墙的潜在储物空间。于是，我们将杂物间的门换成了推拉门——虽然之后不得不将洗衣机挪动几厘米，但是我们立刻拥有了更多储物空间。

如果家中有一面适合安装推拉门的墙壁，就可以将原本比较尴尬的空间改造成厨柜、卫生间等。我们给阁楼卫生间装了推拉门，因为它的天花板是倾斜的，门必须向外开，这对上楼的人来说很危险。我在易趣网上买了一个田园风格的锻铁滑动装置，让装修工人用它和剩余的地板材料做了一扇门。虽然不适用于房子中央的卫生间，但是对办公室里的洗手间或套内卫生间来说，这种门保证了足够的隐私。

口袋门的价格更贵，但是比谷仓门更现代。口袋门可以在两面墙之间滑动，其中一面是假墙，门被打开后就会完全"隐形"。这种门比推拉式谷仓门更流畅、更整洁。不过，谷仓门可以自行安装，口袋门则需要专业人士进行安装。

标准尺寸清单

1

一扇标准的门高198厘米，宽度各不相同。在英格兰和威尔士，最常见的宽度是76厘米，轮椅能通过的门的宽度是84厘米。

2

厨房厨柜的宽度和深度通常为60厘米，也有40厘米和20厘米的特殊款式。当然，你还可以定制厨柜，但是，了解这些尺寸可以让你一看就粗略地估计出有多少储物空间。

3

标准的单人床垫尺寸通常为91厘米×190厘米，标准的双人床垫尺寸是137厘米×190厘米，标准的特大号床垫尺寸是152厘米×198厘米。

4

浴缸的尺寸通常为170厘米×70厘米。小型浴缸的尺寸通常为150厘米×70厘米，大型浴缸的尺寸为180厘米×80厘米。

5

通常情况下，一段楼梯有13级台阶。如果台阶数超过16级，就要设置楼梯平台。计算楼梯地毯的面积时，按踏面（台阶的水平面）约25厘米、踢面（台阶的竖直面）约20厘米来算，每级台阶一共约45厘米，再用这个数字乘以楼梯的宽度。这是直线式楼梯的计算方法。

6

马桶前端到墙面或淋浴间玻璃屏的理想距离为75厘米。这样一来，坐在马桶上才会感到舒适。如果一楼卫生间的洗手池高度在膝盖之上，那么马桶到墙面或者淋浴间的距离可以缩短一点。

7

淋浴房的最小尺寸为80厘米×80厘米。这样才不会显得太窄。

8

规划书架时，要了解（英国）常规平装书的尺寸是23厘米×13厘米，《家居廊》杂志（Elle Decoration）的尺寸是28.5厘米×22厘米，活页文件夹的尺寸是31.5厘米×24.5厘米。别忘了将木材本身的厚度考虑进去。

固定设施与家具陈设

Fixtures & Furnishings

V

51 / 钱应该花在哪些地方？

人一生中有三分之一的时间在睡眠中度过，所以，虽然这并不是什么激动人心的答案，但我仍然认为好床垫确实值得购买。至于花多少钱购买床垫，金额并不固定。最基本的法则是，购买经济能力范围内最好的床垫。

最好购买知名品牌的厨房用品，这样在二手交易时比较好转手。质量好的沙发可以用很多年，但在不常坐的休闲沙发（或者卧室里用来放衣服的不常用的椅子）上就不值得花很多钱。

要仔细考虑自己需要哪些物品以及这些物品的使用年限。如果你觉得自己可能会搬家，那么就不值得花很多钱购买质量好的沙发或窗帘，因为这些东西可能不适合新家。床垫的标准尺寸是统一的，一般不会出错。

52 / 为什么要和木工做朋友？

优秀的木工收费很贵，但确实能让房子产生极大的改变。我家有一间藏书室，木工用了大约两天的时间打造中密度纤维板书架，又花了近一周时间为书架刷漆。最终，这些书架成了家里最具特色的物品之一。好木工能做置物架、厨柜，也能想出隐藏电视机的办法，还能根据你画在信封背后的草图帮你在楼梯下面打造储物空间。如果不借助木工的力量，选择购买成品置物架，可能很难恰好放进预留的空间中，而是需要固定在墙面上。

多亏了我家的木工，我才得以在洗衣机旁拥有了一个小架子，用来放置装满清洁用品的桶。由于洗衣机旁没有可以固定的地方，就用几个倒置的金属支架将架子挂起来了。不算美观，但是非常实用，而且木工只用了大约一个小时就装好了。如果让我丈夫来安装，他可能会花掉一上午的时间，或许还会闹到要离婚的地步。专业人士会有合适的工具和更好的方法来完成这些复杂的工作。

为了省钱，可以将想打造的家具列个清单，然后一次全部完成。中密度纤维板价格便宜，而且尺寸很大，可以用来做很多东西。尺寸合适的储物空间比独立储物空间的利用率高30%，所以，绝对值得多花一些钱制作尺寸合适的家具。

53 / 怎样拯救难看的暖气片？

实际上，大部分暖气片都不美观。在刚贴好壁纸或刚刷完油漆的墙面上，暖气片仿佛白色灯塔一般引人注目。因此，我要说的第一件事就是：给暖气片刷漆。刷上和墙面搭配的油漆就能让暖气片"隐身"。如果贴了壁纸，就从壁纸上选一种颜色刷在暖气片上，会让人觉得这是你经过深思熟虑后做出的决定。

在此透露一下，我曾在一次谈话节目中讲到这种方法，但一位水管工说这样做会影响散热。你也可以听取那位水管工的建议。不过，我家的暖气片刷了漆，我没发现温度和散热效率有任何变化。

如果不能刷漆，可以将难看的暖气片换掉。老式暖气片很时尚（也很昂贵），可以刷成与墙面相配的颜色。如果本身就花了大价钱购买老式暖气片，并且它们已经足够有吸引力，那么可以考虑将暖气片刷成墙面的对比色。谁说暖气片的颜色不能和抱枕搭配？如果你已经花了很多钱让暖气片成为房间中的一大特色，那就让它更加引人注目吧。要将暖气片当作一件家具来对待，从某种程度上来说，它的确是一件固定在墙上的家具。

54 / 安装烧木柴的壁炉需要注意哪些事项？

　　我家的厨房朝北，冬天非常冷，厨房里的两组暖气片根本不起作用。我们一直想安装一个烧木柴的壁炉——许多个冬天里，我都像狄更斯小说中的人物一样，戴着厚厚的围巾和露指手套，坐在厨房里打字。两年前，我们决定冒险安装一个烧木柴的壁炉。就在同一时刻，新闻铺天盖地地报道将禁止使用烧木柴的壁炉，说这种炉子非常不环保。我对丈夫说："柴炉很漂亮——或许我们不烧炉子就可以。"但是，我们还是想烧柴，而且的确这样做了。下面是我想告诉大家的一些事。

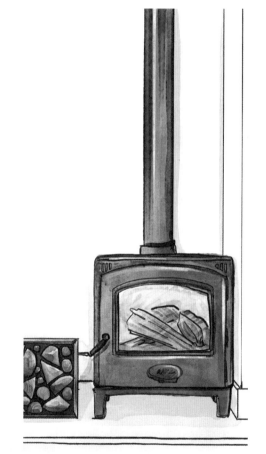

　　大约10%的英国家庭使用燃烧煤炭或木柴的壁炉。根据英国广播公司的报道，目前，38%的颗粒物污染来自家庭燃烧的木柴和煤炭——远超工业燃烧（16%）和道路运输（12%）

产生的颗粒物污染。2018年，英国政府提议逐步取消销售家用湿柴和煤炭。那些储存在车库里或者从DIY商店购买的木柴不仅价格昂贵，而且通常包含湿柴。燃烧湿柴会产生很多烟，比干柴的污染性更强。

柴炉不会被禁止。然而，从2019年开始，只能烧干柴或者无烟燃料，煤炭基本上不能使用。可以购买水分低于20%的干柴或者无烟的固体燃料，例如无烟煤。（在固体燃料协会的网站上有一份经核准的燃料清单。）可以买一个湿度计，检测木柴里的水分，还需要买一个英国环境、食品和农村事务部（Department for Environment,Food and Rural Affairs）批准的在控烟区使用的炉子，或者买一个清洁燃烧、符合生态设计（Ecodesign）标准的环保型炉子。这种炉子符合将于2022年生效的欧盟规定，也符合更严格的北美低排放标准。

也可以安装柴炉。但是，柴炉的烟道比较窄，无法直接安装、接上烟囱，必须安装合适的烟道。如果没有烟囱，可以咨询英国"能工巧匠计划"（Competent Person Scheme）的成员（他们是正式注册过的从事这类工作的人），他们会给你建议。烟道必须安装在室外，并且要做好隔热处理。

55 / 哪些家具值得多花钱，哪些要少花钱？

通常很难就这个问题给出建议，因为一个人喜欢的东西可能是另一个人讨厌的。我曾受邀为一个女性慈善机构设计一家高级时装店，之后我得到了一盏用假体服装模特儿制成的金色灯具。灯罩由羽毛制成，仿佛一顶帽子，非常漂亮，为此我十分兴奋。我让装修工人将插座移到方便插电源的位置时，他低声说，如果他的妻子将类似的东西带回家，他肯定不会让这种东西进门，可能还会和她吵架。如果某件物品完全不实用，而你却一直喜欢，那就勇敢地喜欢吧。我至今依旧喜欢我的那盏黄铜棕榈树灯，虽然不是一次明智的购物，但是我认为购买那盏灯非常有必要。

也就是说，你值得拥有经济能力范围内最好的东西。有活动部件的水龙头、把手、电灯开关，以及使用时间比较长的床和沙发，都值得花钱。偶尔使用的扶手椅更像是一种观念的表达，而不是为了坐得舒适；偶尔使用的桌子更像是为了追赶潮流，而不是为了满足真正的需求。这有点像我们购买昂贵的衣服时，常用"每次着装成本"公式来证明自己并没有乱花钱。每天都要用的东西值得多花钱；单独为餐厅、客房购买的物品，以及只在圣诞节或每隔一个周日才使用的东西不值得花太多钱。

56 / 应该先买什么家具？

　　这个问题最普遍的答案是床，但是，我要将答案具体到床垫。我和丈夫将床垫放在地板上，一起在上面度过了五年的睡眠时光。当我们终于开始在床上睡觉时，一张非常划算的金属床就能满足我们的需求。一旦解决了睡眠需求，就可以着手购买沙发。

57 / 如何混搭不同的木制家具？

　　这个问题是无法避免的。如果铺了木地板，很可能会买一张木桌子。不过也有解决的办法——例如，一块块状地毯可以避免两件家具之间的冲突。如果地板和桌子是搭配的木头材料，可以用刷了漆的木椅子打造对比效果（见问题60），塑料或者金属材质也能区分家具，让整个屋子看起来更加现代。如果不想在桌子底下铺块状地毯，可以选择有金属桌腿的桌子。金属桌腿能拉开桌面与地板之间的距离。

　　风格、颜色相似的家具摆放在一起比较好看。我的办公室里有一张古董红木书桌和一个复古松木梳妆台，两件暖色调家具非常协调。如果铺了木地板，就要根据地板来选择家具，因为它是房间里面积最大的东西。首先确定采用暖色调还是冷色调，色调将决定其他木制品的风格。

　　在此基础上，最好搭配一些对比色的家具。除非是成套的家具，否则很难搭配。如果你想给人留下每一件家具都是经过深思熟虑才购买的印象，不想让人觉得你是不假思索地将成套的家具放进购物车（虚拟的或现实的）里，就不要购买成套的家具。举例来说，你可以选择深色的地板、浅色的桌子、对比色的椅子。如果所有的家具都是木制的，还需要一块块状地毯。

　　慢慢地，你就会知道如何搭配木制家具。如果对自己的决定没有信心，最好尝试一下，但不要完全混搭所有的家具。例如，你可以选择一张玻璃桌子，搭配刷了漆的木椅子或彩色的塑料椅子。

58 / 什么样的家具值得购买?

值得购买的家具不仅有质量好的床垫和制作精良的沙发。有时,我们想买一件可以增加房间特色并且能代代相传的漂亮古董家具,例如一座很好的钟或者一块精美的波斯地毯。这些东西价格不菲,而且没人想花冤枉钱。为此,我咨询了菲利帕·柯菲(Philippa Curphey)。

菲利帕·柯菲
设计专家

室内设计界正经历一场变革。我非常喜欢用不同历史时期的物品来装饰客户的家,这些物品有丰富的保存和继承价值,是对客户现有家具的补充。

选择古董物品时,我建议人们不要只考虑物品的长期货币价值,而是考虑对个人有特殊意义的物品。可以是一件能够引起共鸣的亲笔画,或者是一把有独特故事的古董椅子。我认为这些比物品本身的经济价值更珍贵。

不管是买一幅法国油画、一盏工业风灯具,还是一面装饰艺术镜,古董物品本身与现有家具是否协调这点十分重要。想想它们会被放在什么地方以及产生的视觉效果——少即是多——还要避免将房子变成堆满古董的杂物堆。我建议大家购买少量很有特色的古董物品。最重要的是,要大胆、保持个性化,在有限的空间内形成最大的视觉冲击。更多建议参见问题62。

59 ╱ 如何混搭古董家具和现代家具?

　　一切都和"红线"有关。简单来说,可以将不同时期的家具搭配在一起,尽管有些家具比其他时期的更好搭配,但家具之间要有联系——这个联系就是"红线"。这个概念源自希腊神话故事(忒修斯跟着阿里阿德涅给的一根红线走出了迷宫),在许多场合中被应用。

　　在和丹麦的北欧风情公司(BoConcept)的一名设计师聊天时,我偶然得知了这个被他们称为"北欧设计哲学"的概念。在斯堪的纳维亚半岛,"红线"是一个常见的隐喻,用来说明贯穿主题、故事、灵感和室内设计的共同特征。

　　我们从基础开始谈起吧。老房子里当然可以摆放现代家具,现代房屋里也可以摆放古董家具。我不知多少次在系列节目《宏大设计》(Grand Designs)中看到令人惊叹的现代玻璃房子,觉得如果多用一些波斯地毯和古董家具来增加特色,房子会更加漂亮。另一方面,乔治时期和维多利亚时期的房屋有华丽的镶板墙面、石膏线和飞檐口，与中世纪现代家具的简洁线条形成了很好的呼应。

但是，没人能拥有全部所需的家具，有时你必须知道如何搭配不同时期的家具。假如你有舍不得扔掉的奶奶的古董书桌，但是需要新的茶几和沙发，还需要更多储物空间，这种情况是不是听起来很熟悉？如果要混搭不同时期的家具，就需要一个共同的元素将房间里所有不同风格的家具联系起来。这个共同的元素就是"红线"。

例如，不同的木制家具可以混搭，但是家具的色调要保持一致（见问题57）。如果摆放了一张现代大理石茶几，就可以在角落的古董桌上放一座大理石钟。如果餐桌腿是黑色金属材质，可以考虑在餐具柜上摆放几个黑色烛台。墙上的架子也要选择黑色的，与黑色的桌腿形成呼应。还可以在现代组合架上摆放一个老式木烛台。

沙发和椅子的形状应尽量保持协调。法式古董桌纤细的桌腿、精美的雕花与巨大的方形组合沙发并不相配。可以选择腿比较高的沙发（偏中世纪风格的那种）或者扶手比较窄的沙发，让两件家具的特点达到平衡。另外，扶手窄意味着有更多座位空间。

多年前，我在巴黎的一家服装店工作，这家店位于时尚街区，售卖牛仔裤、皮夹克和衬衫。我永远忘不了一位上了年纪的、优雅的法国女士走进来买了三条牛仔裤，还给每一条牛仔裤搭配了不同的袜子，我惊呆了。这就是法国人穿衣打扮的方式，对我们来说也是很好的启发。以这样的态度对待自己的家——将房子看作一个整体，而不是看成不同元素的集合——那么房子就更容易成为一个整体。买新衣服的时候，应该想想这件衣服可以搭配哪一件已有的衣服。有人说，如果找不出三件能与之搭配的衣服，就不应该买这件新衣服。这种话过于极端，但中心思想就是要将所有的衣服当成一个整体来看待。看待房子时也应如此。

因此，不要单独购买茶几或沙发，要想想已经拥有哪些物品。如果一张新桌子能和家里的一组装饰品或者其他物品联系起来，就可以购买。既然说到这个话题，我想说，这不仅是整个房间的问题。在一个开放空间中，或者在一个从你所在的房间可以直接看到的房间中，那条"红线"要贯穿始终。将房子看作一个整体，才能保持房间的统一性。那条"红线"帮助了忒修斯，也会在装修上帮助我们。

60 ╱ 什么情况下可以给家具重新刷漆？

我曾以为任何时候都不要给家具重新刷漆。市面上泛滥的新怀旧风梳妆台和颜色糟糕的长桌让我十分难受。有人说，一些高端的设计师家具往往只是涂了油漆的中密度纤维板的组合。我曾采访过装饰漆色彩专家安妮·斯隆（Annie Sloan），询问她给家具刷漆的方法。从那时起，我开始觉得给家具重新刷漆并不一定是坏事。

话虽如此，有一件事我们必须明白：不要在刷完漆后又将漆刮掉。仔细地为家具刷漆，然后刷一层清漆或者密封漆，整体效果会很美观，呈现的颜色也比较饱和。这比新怀旧风的家具看上去值钱得多。

什么样的家具适合重新刷漆呢？我认为不要给老旧家具刷漆。如果你有一件让你苦恼的老旧家具，最好将它卖掉，然后用这笔钱买更合适的家具。很多老旧家具既算不上古董，也不值钱，可以大胆地卖掉。我可能不会给红木家具刷漆，但古松木并不稀缺，而且随着时间的推移往往会变成不那么吸引人的橙色，因此，一定要给古松木家具刷漆。我认为也可以给复制品刷漆，毕竟它们只是原版家具的过时翻版品。除了可以给木材刷漆，中密度纤维板和刨花板都是很好上漆的材料。给它们刷漆的话，还能为普通家具增加一点特色。

那么平价家具呢？人生中有那么一段时期——20多岁到30岁出头的时候——你开始考虑，与其将工资都花在买啤酒上，还不如为家里添置一个靠垫或一张桌子。大部分人一开始都会购入平价家具，因为价格可以负担得起。你可以让平价家具看起来更昂贵，也更有个性——只要你记住这两个字：刷漆。这样一来，就能用量产的产品做出定制的家具——这肯定是个不错的想法。

如果专门买了需要刷漆的家具，一定要设定预算上限，才能避免乱花钱。

61 / 为什么要买旧家具或老式家具？

首先，购买老式家具能让它们免于落到垃圾填埋场。这是可持续且环保的选择。不管是添置一款复古蛋糕架，还是重新布置旧椅子，利用老式家具花费更少，也是很值得的选择。

老式家具通常质量比较好。例如，老式椅子制作精良，经久耐用，通常也非常舒适；老式五斗橱的抽屉比现代五斗橱的要深得多。老式家具大多由实木制成，而不是由刨花板和贴面板制成的；抽屉用的是燕尾榫接合，而不是胶水和螺钉。

不仅如此，老式家具会让你的家看上去更有个性。20世纪90年代，随着自主组装家具的兴起，当你在朋友家的沙发上睡醒时，你会分不清自己到底在谁的家里。而老式家具能带来一份历史的厚重感，也能增加一些特色。

虽然经过多年的使用，老式家具上可能会有划痕或印迹，但它们身上往往有很多故事。我家的旧餐桌是一所艺术学校淘汰下来的，我喜欢桌子上的墨迹和划痕，经常想象前任使用者在桌子上创造了哪些作品。

老式家具有现代家具无法复制的光泽。多年来，当我们一直选择便宜刨花板制成的现代家具时，棕色家具逐渐被淘汰了。如今，棕色家具的潮流卷土重来。它回到人们的视线中，这是件好事。

此外，我们可以找到很多便宜的旧家具，花不了多少钱，却很适合用来改造、升级。给柜子贴上壁纸、添加皮革顶、重新装饰或者重新刷漆（见问题60），旧家具就成了特别的定制家具。

62 / 购买古董家具有哪些注意事项?

古董家具和现代家具可以协调搭配（见问题59），在现代家庭和农舍中都适用。然而，我既不推荐只选择现代风格的家具，也不推荐在家里摆满古董家具。

我专门咨询了造型师兼设计专家菲利帕·柯菲，她提供了一些关于购买古董家具的建议。

菲利帕·柯菲

设计专家

做好调查工作：在冒险进入购买古董家具的世界之前，先花些时间在古董集市、跳蚤市场和拍卖会上进行调查。这些场合可以激发人的灵感、让人发现新趋势以及重新发掘潮流。此外，这些场合也会提供结识信誉良好的经销商、向专家学习、与专业人士建立人脉的好机会。这些人非常乐意分享他们丰富的知识。

知道寻找哪些家具：关于如何寻找真正的古董家具，我最重要的经验是仔细观察家具是如何制作的。古董家具不会有量产家具的感觉，建造质量和工艺水平应该比较高，当然，不排除会有轻微的手工缺陷。古董家具应该很结实，举起来很重，外观看起来真正有年头。信誉良好的经销商会提供收据，为了确保是真正的古董家具，一定要索要收据。有很多书籍、杂志、古董指南和网络资源可以帮助我们学习如何避免被奸商坑骗。米勒(Miller)的古董指南值得购买，《住宅与古董》杂志(*Homes & Antiques*)和《古董交易公报》(*Antiques Trade Gazette*)也值得订阅。

　　做充足的准备：需要准备一根卷尺、搬运车和包装材料。这样整个购买过程才会比较顺畅，也能避免错误和事故。想还价的话，现金也很重要。大多数卖家都会将价格标得很高，以防遇到善于还价的买家，所以一开始一定要出低价。多逛一会儿也是值得的，卖家通常在快卖完的时候因不想再费力将货物拉回去而低价抛售存货。这时可能会买到好价商品。

关于为新建的房子增加特色的注意事项

1

不要在现代房屋里增加装饰嵌板这种老旧设计——看起来会很假,像仿制品。可以在室内采用更有趣的涂刷方式,例如将木制家具刷成彩色的、打造双色墙或对角线墙。

2

如果天花板比较低,而你想给屋内增加一些色彩,可以考虑将墙面的下半部分刷成鲜艳的颜色,上半部分和天花板都刷成浅色(查看问题37、问题38和问题39,了解更多建议)。也可以使用同一种颜色,但下半部分用亮光漆,上半部分用亚光漆。

3

如果格栅吊顶布满了筒灯,就让电工拆下筒灯,再根据家具的位置以及空间的用途来布置照明(见问题70)。

4

如果卧室的天花板过低,不能在天花板中间装吊灯,可以考虑在床的两边各装一盏,当作床头灯。如果房间里有床头柜,这样做还能腾出床头柜上的空间。也可以将吊灯装在角落里,使之成为房间的一大特色。

5

一些复古家具可以增加新房子的特色,可以去旧货商店和易趣网上找一些(见问题61)。例如,一个古色古香的梳妆台在一面朴素白墙的映衬下会非常漂亮。

9

如果墙面是浅色的，可以考虑将木制家具和门刷成鲜艳的颜色，从而增添一些个性。

6

中世纪风格的家具都很好看，干净利落的线条以及传统的外观非常适合现代房间。

10

还有一点非常重要，那就是不要让所有物品都匹配——如果想给新房子增添一些个性，就不要摆放家具三件套。挑选一张高质量的沙发和一对扶手椅，风格可以不同，但色调要协调。可以使用许多不同的天然材质——羊毛、亚麻和旧木头等。如果建筑本身并不复古，那就通过家具增添一点复古感。

7

如果条件允许，可以将楼下的地毯换成地板。在地板上铺块小地毯，可以增添个性。

8

新建的房子往往没什么特色，所以需要添置一些东西，让房子看起来既温馨又吸引人。书是我们的朋友，没有什么比书架更能装点房间。还可以在墙上挂满画。

照明

Lighting

VI

63 / LED 灯的功率是以流明为单位吗？

不管家里有多少灯泡（我家里有三箱），一个公认的事实是，没有一个能用在刚坏掉的那盏灯上。如果奇迹发生，你确实有一个合适的灯泡，瓦数可能又不合适。也许LED灯泡比钨丝灯泡更合适。使用LED灯泡需要注意开尔文温度，这样色温才会合适。

也许你会思考：为什么不能在床上看书呢？可以用手电筒照明，用蜡烛也可以，何况现在还能买到电子蜡烛。接下来的内容可以解释这个问题，最好用手机拍下这些内容，方便随时查看。

首先，谈谈灯泡的灯头。卡口灯头在英国最常见，目前正被螺口灯头逐步取代。螺口也叫作爱迪生螺旋，简称E，以其发明者托马斯·爱迪生（Thomas Edison）的名字命名。例如，E27是一种比较宽的螺口灯头，直径为27毫米。市面上还有E14这种尺寸小一些的灯泡。

下面对不同类型的灯泡进行说明。

钨丝灯泡是一种老式白炽灯泡，通过用电加热灯丝到白炽发光状态提供照明，听起来似乎非常危险。其制造成本较低，能源效率也很低，只有约5%的能量可以转化为可见光。

卤素灯泡在灯光质量方面最接近白炽灯泡。它的灯丝被封在卤素气体中，可以比白炽灯泡烧得更热，但能节省多达30%的能源。卤素灯泡比LED灯泡和即将提到

的CFL灯泡（紧凑型荧光灯泡）更便宜。卤素灯泡不像一些CFL灯泡那样需要预热，它可以立即达到最大亮度，而且可以配合调光器使用。卤素灯泡的灯光更暖，但使用寿命没有其他节能灯泡长——大概能用两年。

CFL灯泡最常见，它是白炽灯泡的原始替代品，能节省60%到80%的能源。这种灯泡没有灯丝，通过电流对灯泡内的气体进行电离，在灯泡内形成一层磷酸层，从而提供照明。CFL灯泡加热气体需要时间，不适合即刻需要亮度的房间，例如卫生间。此外，它含有一定量的汞，需要特殊的回收途径。CFL灯泡不常搭配调光器使用，形状也不常见，可以从与支架配套的灯罩中伸出来，看起来特别奇怪。虽然关上灯的时候不太好看，但CFL灯泡比卤素灯泡更节能，发出的光也更温暖、更柔和。

LED灯泡耗电量很小，可以使用二十年以上，但价格更贵。LED灯泡不用加热灯丝，而是通过半导体提供光源，当电流通过半导体时就会发光。LED灯泡比钨丝灯泡少消耗90%的能源，能节省不少电费。不过，LED灯泡不常和调光器一起使用，而且会发出冷蓝色的光。令人生气的是，不同的制造商生产的LED灯泡发出的光也不同，如果为了省钱而只更换部分灯泡，家中灯光的颜色很难保持一致。所以，在更换整间房子的灯泡之前，最好先买一个灯泡看看自己是否喜欢。

以上就是关于不同灯泡的详细说明。那自然光呢？在节能灯泡出现之前，瓦特是计算得到多少亮度的简单方法。40瓦的灯泡可以营造昏暗、低调的氛围，但人无法在灯光下做针线活。100瓦的灯泡则非常适合工作和阅读。LED灯泡的出现意味着再也不能仅凭数字判断灯光的明亮程度。10瓦的LED灯泡可能比40瓦的普通灯泡更亮，困惑由此产生。

问题在于瓦特衡量的是灯泡的功率，与它发出多少光无关。灯泡发出多少光应该用流明这一单位来计算，流明测量的是肉眼所见光的多少。

不仅如此，如果是LED灯泡，还需要决定选用暖光还是冷光。色温用开尔文这一单位来衡量，数值越高，灯光越冷。简单来说，客厅使用暖色光，厨房使用冷色光。蜡烛的色温大约是1500开尔文，标准暖白色的色温（如传统白炽灯的色温）大约是2700开尔文，自然白光的色温大约是3000开尔文，冷白色的色温大约是4000开尔文。当色温达到5000开尔文时，人仿佛置身于医院中。

如何才能买到合适的灯泡呢？粗略地说，床头灯需要400流明，客厅里不同光源的灯光加起来应该在1500流明到3000流明之间。

现在你需要做的就是确定更换哪种类型的灯泡，再对照下面的表格，比较瓦特和流明。

240V灯泡瓦数与流明的换算

亮度（流明）	220+	400+	700+	900+	1300+
钨丝灯泡	25W	40W	60W	75W	100W
卤素灯泡	18W	28W	42W	53W	70W
CFL灯泡	6W	9W	12W	15W	20W
LED灯泡	4W	8W	10W	13W	18W

64 / 需要多少照明光线?

　　如今，我们都意识到恰当的光线在装饰某个空间、展示某件艺术品或物品时发挥的作用。然而，光线最主要的作用是帮助我们看清物体，并且不会让眼睛感到疲劳。一条通用的规则是，灯光应该有一定的层次，也就是说，头顶、地板以及工作台旁都要有光源。壁灯能够很好地展示画作，灯光柔和地照射下来，营造出特殊的氛围。然而，壁灯并不是必需品，必要的是调光开关。

　　布置房间照明的要点并不止这些。家里的照明设计需要满足不同的需求。中央照明可以不那么明亮，只要确保阅读或者做针线活时的光线足够。这意味着需要在椅子旁安装台灯，或者在沙发旁安装落地灯。请别惊慌，并不是说需要超级亮的100瓦灯泡，但是一定要保证至少达到40瓦，这样才方便做事。在这种情况下，斜角灯是非常合适的选择。

使用电脑时，需要与电脑屏幕保持一臂的距离，而且屏幕要放在相对较低的位置上，才能让使用者的眼睛保持向下看的状态。将电脑屏幕的亮度调成与周围环境相似的亮度，可以最大限度地减轻眼睛的疲劳感。即使房间里的其他地方笼罩在狄更斯式的昏暗中，也要确保筒灯的光线照在手边的物品上。

65 / 如何用照明营造氛围？

在规划天花板的灯光布局时，要考虑房间里其他灯光的位置。营造氛围需要在不同的高度使用不同的灯光——别忘了要保持足够的亮度。

落地灯适合放在角落里，沙发旁也是很好的选择，能够为在客厅里干活的人提供足够的光线。而且，落地灯是位置相对较高的光源，能够突出挂在墙上的画作。说到艺术品，安装现代照画灯是给房间增添情趣的好方法。可以给一些灯具涂上与墙壁相配的颜色，让它们"隐形"，只能看到灯光（很像柴郡猫和它的露齿笑）。

挑选形状合适的灯具，根据不同的状况让光线沿着墙面向上投射或者沿着窗帘向下投射。别忘了，暗色的灯罩只能让光线向上或者向下投射，无法在灯罩边缘形成氛围光。现在十分流行的金属灯也是如此。金属灯不开时看起来很美观，一旦灯光亮起，就会发现什么都看不清。

最后一点是，工作灯和台灯可以搭配使用。工作灯适合阅读，而台灯可以在看电视或喝酒的时候营造气氛，搭配使用，效果更佳。记得将工作灯和台灯布置在不同的高度。如果觉得开、关灯是一件痛苦的事，可以将灯具连接到一两个中央开关上，这样进房间时就可以开灯。我将一些灯具和定时器连接起来，但是随着日照时长的变化，不得不时常调整定时时间。

66 / 如何在卫生间里安装吊灯？

关于卫生间照明，需要知道的第一件事是，根据水源与灯具之间的距离远近，卫生间被划分成不同的区域。区域0基本上包括浴缸和淋浴房地面。区域1包括淋浴房内的空间或者浴缸正后方的区域。区域2的范围涵盖淋浴房两侧0.6米的范围和浴缸尾部。如果要在浴缸上方安装吊灯，必须距浴缸水面1.5米，也就是说，卫生间的层高大约需要2.25米，这基本上排除了大部分卫生间在浴缸上方安装吊灯的可能性。但是，可以在其他区域安装吊灯。如果浴缸被安装在卫生间一侧，那么吊灯就可以安装在卫生间中央。也可以将吊灯安装在远离浴缸的角落，成为卫生间的一大特色。

假如卫生间里无法安装吊灯，可以考虑壁灯。壁灯的灯光倒映在浴缸的水面上，形成斑驳的光影，非常漂亮，也很有氛围。挑选卫生间灯具（也适用于挑选厨房灯具）的另一个重点就是灯具的防护等级（IP rating），下一个问题就会谈到这点。

67 / 什么是防护等级？

IP（Ingress Protection）代表压力保护，是指灯具防尘、防接触，以及防水（适用于卫生间灯具）的密封程度。我们已经知道卫生间有不同的区域（见问题66），但是在购买卫生间灯具时还要检查灯具的防护等级。有些壁灯完全不适合卫生间。一般来说，户外灯完全可以用于卫生间。

防护等级通常包含两个重要数字：第一个表示灯具离尘、防止外物侵入的等级，第二个表示灯具防湿气、防水侵入的密闭程度。卫生间灯具的防护等级通常为IP65，表示能够防止灰尘接触灯具内部，还能防止各方向低压水溅射。防护等级为IP44的灯具也很常见，能够防止直径大于1毫米的固体入侵——不是灰尘，而是各种小工具或者电线等物体——还能防止各个方向飞溅的水。网上能查到防护等级表，可以对照检查自己喜欢的灯具是否符合防护标准。

68 / 什么情况下可以不安装吊灯？

吊灯毫无意义地悬挂在房间中央，只能照着空空的地面，除此之外，房间内没有其他需要光源的物体，这种情况下就可以不安装吊灯。卧室里的吊灯往往悬挂在床尾上方；客厅里的吊灯通常位于茶几上方，稍稍偏离中心，或者在餐桌的一端。其实，吊灯不一定要安装在这些地方。

关于安装吊灯，首先要考虑什么地方最需要吊灯，再考虑安装在什么地方最好看。有很多关于吊灯的负面报道，而且如今安装点光源更流行，但有时需要打开门边的开关才能看清点光源的位置。这意味着吊灯不一定非得安装在房间中央。

在角落里安装一盏夸张的吊灯如何？不用挂画，吊灯也可以充当艺术品，还能腾出房间中央的位置，让房间显得更大。我有一位爱好国际象棋的客户，将一副摆好的棋盘一直放在角落里，我建议他将吊灯低低地安装在棋盘桌上方。一旦决定了什么地方最适合安装吊灯，你就有两个选择：第一个是将吊灯永久地安装在那里，这就需要请电工、粉刷工和油漆工，因为改变线路需要刮掉石膏、重新埋线、重新处理墙面；第二个是买一根彩色的长电线和一个丝杆吊钩，请电工重新布线，将电线从天花板灯线盒处拉到吊钩那里。第二种方法的好处是可以将吊灯移到其他地方，再移回房间中央。移回房间中央后，可以将多余的电线卷起来。

安装在角落里的吊灯成了室内的一大特色，还增加了光源。走进房间，你就能看清自己身处的环境——如果看过恐怖片，你就知道这点很重要，因为所有的坏人总是在黑暗中悄悄坐在最好的扶手椅上。

69 / 吊灯与餐桌之间应该相距多远?

大多数人喜欢将吊灯挂在很高的位置,似乎盘旋在天花板上,仿佛一个插不进话的客人,一直徘徊在话题之外,不知道什么时候才能加入。如果想在餐桌上方安装吊灯,吊灯的位置必须足够低,让它成为餐桌布景的一部分。

一般来说,吊灯的高度应该比最高的人坐下时稍高一些。最好高15厘米,灯光才不至于让人眩晕,人们才能舒适地与坐在对面的人交谈。如果你觉得这个高度太低,不适合需要移开桌子举办聚会的场合(要考虑一下举办聚会的频率有多高),那么可以使用长电线。当桌子位于吊灯下方时,只要将电线卷起并系在适合的高度上即可(见问题68)。在天花板或者墙面固定几个丝杆吊钩,当你移开桌子跳舞时,可以将吊灯挂在吊钩上,避免挡路。

70 / 如何布置筒灯?

室内灯光的布置要有层次。不同类型的灯能满足不同需求,也能营造不同的氛围。在布置灯光前,首先要规划家具的布局。只有布置好家具,才知道灯光应当如何设计。

我倾向于只在厨房和卫生间里安装筒灯。但是,如果布置得当,筒灯也适合其他房间。首先,不要将筒灯排列在对称网格中。以这种方式在天花板上排列筒灯,虽然看起来很整洁，但是并不实用。而且，不管是否整洁，我们通常不会经常关注天花板。要注意，从天花板上照下来的光线必须充足到能让我们清晰地看到自己正在做什么。厨房里的筒灯应该安装在操作台面上方，并且要确保筒灯位于人身体的正前方，以免有人站在筒灯下时产生影子，遮挡视线。卫生间里的筒灯可以安装在镜子前。

家具是在客厅里布置筒灯的关键。客厅应该由点光源提供照明，用边角的聚光灯配合调光器也能达到同样的效果。例如，在距离天花板边缘30厘米到40厘米的地方安装筒灯，灯光就能照射在书架等家具前方。与其将筒灯安装在天花板中央（和之前提到的吊灯一样没有任何意义，见问题68），不如安装在窗户正上方，让灯光在窗帘上或百叶窗上投射一道美丽的弧线。角落里的电视上方也不需要安装筒灯，因为电视最好摆放在黑暗里。上面提到的筒灯的安装方法是由房间结构决定的，其实在茶几正上方安装一个筒灯也会非常漂亮。

卧室也可以使用同样的布置方法——围绕窗户边缘和窗户上部的中间位置进行布置。这样，躺在床上看书时才不会有光线直射眼睛。记住，家具的布局非常重要，因为安装筒灯很可能要相应地调整插座的位置，以便布置其他灯具。

筒灯需要配合调光器使用，特别是安装在有就餐区域的大厨房里的筒灯和卫生间里的筒灯。筒灯的线路最好和其他灯的线路不同，这样一来，在餐桌旁的时候可以关掉厨房区域的灯，躺在浴缸里泡澡时可以只开洗手池上方的灯。

71 ／ 为什么要更换（塑料）开关？

　　这一点没什么好争论的。白色的塑料开关既不美观，触感也很差。细节和触碰点是我们与建筑互动的地方，这些地方必须让人感到舒适，并且保持美观。

　　如今，市面上有很多可以选择的开关，值得我们好好挑选一番。如果想让开关"隐身"，可以选择白色金属款；如果想和门、窗把手搭配，可以选择黄铜材质或者纯铜材质的开关；黑色工业风或有机玻璃开关非常适合贴了壁纸的墙面。

　　钮子开关能发出悦耳的咔嗒声，便于使用。如果安装这种开关，离开房间时更有可能记得关灯。

　　正如人们所说，细节决定成败。开关看上去是很小的事，却对生活是否便利有重要影响。

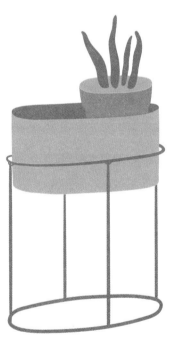

关于照明的注意事项

1

如果从头开始装修房间，必须首先规划家具的位置。这样才能知道天花板上的灯应该布置在哪里、什么地方需要额外的灯座。

2

如果要更换地板，可以在地板上布置一些插座。这样一来，即使沙发位于房间中央，也可以轻松地在沙发后方的桌子上放一盏灯，而不必从墙壁处拉电线过来。

3

家中的光线要有层次。也就是说，天花板灯、地面灯、工作灯和台灯需要混合使用。这些灯有不同的用处，可以在不同时间使用，能够营造不同的氛围。

4

天花板灯使用不同的线路，就能根据使用者的喜好让房间一部分光线明亮、另一部分光线昏暗。这样的线路布置特别适合有就餐区域的大厨房。就餐时可以调暗厨房区域的灯光，只为用餐区域提供充足的光线。或者在客厅里看电影时调暗灯光，读书的时候调亮灯光。

5

增加光源时，调光器必不可少。

6

恰到好处的照明布局可以掩盖许多家具的缺点，或者让便宜的家具看起来不那么廉价。就像那句老话说的——烛光会让皮肤显得更好。

7

照明与化妆相似。例如，可以用墙面灯光突出房间特色——一幅画或者桌子上的一系列收藏品。还可以用灯光来突出昏暗的墙角。不过，如果墙角只用来放置吸尘器，那就让它保持昏暗吧。

8

不能因为吊灯最初安装在房间中央，就认为只能安装在那里。将电线延长并在天花板上固定一个丝杆吊钩，就可以将吊灯安装在最能发挥作用的地方。如果没有放置桌子的空间，又想为椅子提供照明，可以将吊灯安装在角落里，节省空间。将接线盒换成多功能的，就可以在沙发两端布置光源，这也是一个节省空间的技巧。还可以将吊灯安装在茶几上方，从而突出茶几上的物品，形成视觉焦点。

厨房与餐厅

Cooking & Dining

VII

72 / 最好的厨房地面材料是什么?

和很多事情一样,这个问题与个人品位有关。所有的材料都既有优点又有缺点。我用过再生地板,很喜欢这种有点质朴的感觉,与现代房屋形成了鲜明对比。但这让安装地暖变得更加复杂,因为暖气片也会占用宝贵的墙面空间(见问题23中关于安装地暖的建议)。

如果安装地暖,瓷砖和工程木料都是不错的选择(见问题21),不过要注意勾缝剂。白色的勾缝剂褪色非常快,瓷砖越小,需要的勾缝剂越多。既然谈到了这个话题,我想说一句有争议的话——其实我真的很不喜欢大块灰色瓷砖。灰色瓷砖看上去就像人行道上铺设的地砖。在英国,灯光通常是灰暗的色调,如果地砖也是灰色的,搭配起来效果不是很好。为什么不选择暖色调的陶砖呢?复古陶砖看起来不错,现代风格的陶砖也非常漂亮。

还可以考虑在地面上增加图案。厨房地面通常有坚硬的表面和笔直的线条,在厨房地面上增加一些图案会非常美观。不需要特别注意配色方案——如果不想要杂乱的蜡画图案,可以选择用黑色搭配白色,炭黑色搭配象牙白也非常合适。

水泥地面也相当流行。但是,由于地面需要抛光,费用比想象的高。树脂地板也是不错的选择。水泥地面和树脂地板平坦无缝,无须使用勾缝剂,非常适合与地暖搭配。

73 / 最好的台面材料是什么？

　　装修一间新厨房，意味着你会面临多种选择，也可能是你需要做最多决定的时候。因此，最好只装修一次，也就是说，一定要选择正确的操作台面。

　　首先，整个厨房里的操作台面不一定完全一样。例如，现在大家完全可以接受岛台用一种材料，水槽旁的操作台面用另一种材料。如果仔细思考过本书开头提到的六大问题，现在你应该很清楚将在厨房里进行哪些具体活动，这将会影响你的选择。

　　最实用的材料是不锈钢，这种材料也经常出现在饭店的厨房中。不锈钢不易烧焦、弯曲、变形或被弄脏。可以选择一体式不锈钢材料制成的水槽，既卫生又能防水。尽管如此，并不是所有人都喜欢这种工业风。一种解决方案是水槽和炉灶使用不锈钢，而岛台和早餐台使用手感更好、更温暖的材料。

　　木头是最便宜的材料，坐上去很舒服，摸起来也很温暖。但是，安在水槽边容

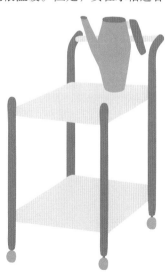

易滋生黑色的霉菌，炉灶也容易在木头上留下黑色的烧焦痕迹。

大理石台面很美观，但这种天然材料多孔、透气，容易被弄脏。如果不定期做密封处理，柠檬汁、姜黄粉和溅出的番茄酱等会给大理石台面造成数不清的损害。你会为此做台面密封吗？花岗岩台面也有同样的问题。而且，玻璃杯掉在石质操作台面上并不会弹起。如果喜欢石质的外观，可以选择复合材料。恺萨金石（Caesarstone）和赛丽石（Silestone）等公司生产由石英粉末混合树脂制作而成的复合材料操作台面。从外观上看，复合材料操作台面和真正的石质台面一样，却更容易打理。如果一口很重的平底锅掉在上面，导致台面损坏，生产商甚至可以帮忙修补。

抛光混凝土材料又开始流行起来，价格比想象的昂贵许多。抛光混凝土材料是多孔台面，所以也容易被弄脏。抛光混凝土材料很重（显而易见），这就意味着，需要加固操作台面的结构才能承受重量。如果装修经费有限，最好不要选择这种材料，避免增加成本。

杜邦公司的可丽耐（Corian）人造石是单片成型的，没有肉眼可见的连接处，价格非常昂贵，让人感觉花大价钱只买到了塑料。

层压材料最便宜，做工也比20世纪70年代时好得多，而且容易安装。不过，这种材料的连接处很显眼。

人人都喜欢度假，也喜欢度假小屋里的乡村风瓷砖操作台面。这种台面在刚装好时很好看，如果每天使用，勾缝剂就会变脏，而且极不卫生。如果不经常做饭，可以选择这种材料。毕竟，这只是一种风格的展示。

74 / 岛台或半岛台多大才合适?

关于厨房，我经常被问到的一个问题是：是否有足够的空间放置岛台。

一般来说，厨房岛台可以做成任何尺寸，但是岛台周围至少要保留1米的空间，方便活动。如果厨房有这么大的面积，就可以放置岛台。

如果再小一点，就很难舒适地活动——想象一下自己端着一摞盘子或者提着一篮衣服从岛台旁的狭窄通道经过，该有多么不方便。我家的岛台距离操作台面1.1米，这样的距离对身高1.68米的我来说非常舒服。操作台面只有0.9米，空间有点小，但是够用。判断岛台和操作台面之间的距离是否合适的方法是看在岛台和操作台面之间转身时是否需要走动。在我家，我的判断方法是试试能否将装满水的锅举到炉灶上去。小步走动不自然，还有可能会绊倒。我家的距离刚好能容纳两个人，但是无法再容纳一个来冰箱中寻找食物的青少年。

岛台的尺寸取决于厨房中的可用空间的大小。我家的岛台有1.2米，一侧延伸出来，前面放着几把椅子，形成了一个吧台。岛台可以做得更大，然而，更大的岛台需要更大的厨房面积。如果岛台面积过大，看上去可能会像一艘在厨房中央巡航的大型游轮。

如果厨房的面积不够大，不能放置独立岛台，可以让岛台一侧靠墙，形成半岛

式岛台。这种岛台非常实用，也可以当作厨房和餐厅的分隔区。

75 ／ 选择什么形状的餐桌？

很多人家中的厨房面积有限，因此，可供选择的餐桌尺寸和形状也有限。如果有操作空间，那就值得考虑一下。一张能容纳六到八人的长方形餐桌意味着人们可以同时进行不同的交谈，而圆形餐桌能让交谈更为集中——就像亚瑟王邀请骑士来吃晚餐时，他知道自己的目的是什么。

还要考虑餐桌的尺寸。任何形状的餐桌都应至少距墙面1米远，留出走动和拉出桌下椅子的空间。如果餐厅是长方形的，并且就餐人数超过两人，就需要长方形餐桌。不过，圆形餐桌不仅更适合交谈，而且用餐时所有人都能夹到桌上的菜。四个人则需要直径至少有1米的餐桌。直径小于1米的也够用，但是会比较拥挤。如果餐厅里放不下这样的餐桌，那就购买可伸缩餐桌吧。

桌腿也是需要注意的一点。桌腿的位置和椅子腿的位置关系如何？还要考虑桌腿和椅子腿放在一起的样子。设计师埃罗·萨里宁（Eero Saarinen）将许多桌腿和椅子腿放在一起的情形描述为"桌腿和椅子腿的贫民窟"。受此启发，他设计出经典的郁金香桌椅——一种仅靠单一基座支撑的桌椅。多年来，我家厨房里的餐桌一直是一张艺术学校淘汰的旧桌子。餐桌四角的厚实方腿占用了很多空间，对现代椅子来说也有点高。购买二手餐桌时，一定要记得这一点：餐桌的平均高度为76厘米，椅子的平均高度为45厘米。后来，我换了一张更宽、更长并且桌面更厚的餐桌，搭配两个金属支架式桌腿，不再需要占用很多空间。所有来我家做客的人都问我是不是换了一张更小的桌子，这是一种视觉错觉。

挑选完餐桌，就要着手挑选椅子。如果预算有限，我建议多花一点钱买舒适的椅子，而不是用那部分钱来买一块放餐盘的木托盘。如果餐厅面积有限，长凳是个不错的选择，只是不够舒适，不适合长时间的悠闲聚餐。不用时，可以将长凳藏到桌子下面。

购买椅子时，先想想平时坐在餐桌前吃饭的人数是多少。如果过圣诞节时需要八把椅子，其余时间只有两个人和两把高脚椅，那就应该选择长凳。要临时增加额外的座位时，可以使用折叠椅，不用时还可以收起来。

76 ／开放式置物架和厨柜哪个更好？

选择开放式置物架还是厨柜，这是个人偏好问题。现在有一种趋势，就是厨房不再是传统的厨房——例如，在厨房里装少量厨柜，或者根本不装厨柜。开放式置物架是更流行的选择。安装开放式置物架的厨房的设计理念是，厨房是做饭、洗碗的地方，而不是配有各种时髦的、符合人体工程学的高科技设备的房间。

开放式置物架符合这种流行趋势，但需要足够的隐藏储物空间来收纳不太美观的电器和厨房用品。实事求是地说，开放式置物架容易积灰。在我家的置物架上，每天都用的物品大部分没多少灰尘，但是不常用的放在深处的杯子和顶层的香槟杯很容易积灰，每次使用前必须清洗一番。另外，我不会将开放式置物架安装在炉灶旁边，以免沾上烹饪食物时溅出的油脂和冷凝的蒸汽。我家的炉灶在岛台上，置物架在墙上，两者相隔1.6米远，烹饪时产生的油烟不会对置物架造成不良影响。

接下来将开放式置物架与厨柜进行比较。厨柜的问题之一是往往安装得很低，操作台面后方不容易够到的地方不可避免地成为存放水壶、咖啡壶等物品的地方，导致可用空间（厨柜前面的区域）从英国标准厨柜的60厘米缩小到30厘米左右。因此，如果选择厨柜，一定要建立一个收纳系统，至少保证这部分空间空着。如果是重新装修，并且有足够的空间，可以考虑将底柜增加30厘米。

厨柜的优点是可以将所有的物品置于视线外，营造出更整洁、更简约的效果。对开放式空间而言，厨柜可能是更好的选择。如果要安装厨柜，一定要选择通顶式的，不仅能使天花板看起来更高，还能防止将物品放在厨柜顶上导致落灰。可以将不常用的东西放在厨柜里，关上柜门后，这些东西就不会积灰。

如果想买的标准厨柜高度不够，无法达到天花板，可以请木工帮忙（见问题52）。可以做一个通顶的新柜门——做个稍假的正面——或者在厨柜顶部做一排小柜子来填补柜顶的空间。

这就是开放式置物架和厨柜的优缺点，可以根据自己的需求和考虑进行选择。

77 / 需要多少储物空间？

我们实际需要的储物空间总是比想象的要多得多。有这样一个人们没有真正承认的事实：不是房子太小，而是我们拥有的东西太多。所以，问题不是"我需要多少储物空间"，而是"我需要留着它吗"。

我在设计厨房里的开放式置物架时，将所有需要收纳的物品一一画了出来，还画出了可供收纳的空间。

我们必须认真思考哪些物品是真正需要的。所有东西都要保留吗？一些整理专家建议，6个杯子就够用，而我大概有20个杯子。更别提玻璃杯，我有大小不一的平底玻璃杯、复古玻璃杯和彩色玻璃杯，我需要清理它们。如果有足够的收纳空间，保留这些物品完全没有问题；如果没有，那就要清理掉一些。

在锅具上，我一直很自律——20年前，我和丈夫收到一组三件套锅具和一个金属蒸锅作为我们的结婚礼物，这些锅足够我们使用。我曾想要一个只摆放特百惠（Tupperware）锅具的厨柜，而且真的打造了一个，但是没过多久，我就发现这个厨柜成了27个互不配套的盖子和碗碟的仓库。现在，这个厨柜里装满了灯泡（没有一

个适合我的灯具），还摆放着不常用的搅拌机、榨汁机和电子搅拌棒。我觉得我即

将进行一次大清理……

78 / 厨房里的哪些地方应该多花钱？

　　一般情况下，我不建议购买便宜的水龙头和厨房用品——厨房零部件等物品一定要购买能力范围内最好的。我曾买过一款便宜的水龙头，软管可以抽出来，看起来很不错。后来，软管坏了，水龙头公司也破产了——也可能是不回复客户邮件。因此，我不得不去买新的。俗话说得好："便宜没好货。"

　　和服装一样，购买名牌产品更容易在二次出售时转手，如果预算允许，要购买最好的品牌。搬家时，可以打折处理或者带走。我总是购买廉价洗衣机——我知道将洗衣机放在厨房里是比较有争议的做法。20年前，某个朋友收到一台美诺牌（Miele）洗衣机作为她的结婚礼物。当她换新洗衣机时，我家已经换了4台洗衣机，也支付了无数维修费。"应该买美诺"也成了我的家人时常重复的话。

　　接下来，我要谈一谈抽油烟机。抽油烟机价格不菲，大多数人认为它们并不能起很大的作用。我的建议是，不要购买外观像水晶吊灯那样的抽油烟机——这样的抽油烟机并不像水晶吊灯那样好看，也没有其他抽油烟机好用。如果排气扇不仅能让室内的空气流动，还能将油烟排到室外，那么排气扇也是一个非常不错的选择。然而，有时我们并不能选择排气扇。岛台抽油烟机的价格更昂贵。如果希望岛台抽油烟机达到不错的效果，就要装得离炉灶足够近，但这意味着可能会遮挡做饭的人

的视线。

有人建议，只要有一个性能良好的排气扇，就不用购买抽油烟机。大多数抽油烟机的功率为每分钟15升，你可以在厨房里安装一个以每分钟30升的速度将油烟排到室外的排气扇——安装排气扇比安装抽油烟机相对容易，因为不需要额外在天花板上布置管线，而且费用比安装抽油烟机便宜得多，外观也比吊顶风扇朴实得多。但我不敢保证煎牛排时烟雾报警器不会报警，而且一定要确定住建部门同意安装排气扇。

79 / 厨房里的哪些地方可以省钱？

华丽的把手、门板都没有必要买贵的。直接去市郊的大超市购买基本厨房用品（也有其他价格实惠的厨房用品公司，但有些不允许消费者只购买自己需要的产品），然后就可以购买新门。现在，很多生产商制作的门的尺寸都很合适，但这种门不是最便宜的。最便宜的方式是买一块中密度纤维板，让木工用它制作一扇门。可以在门上划出一些线条，增添一些趣味性。在门上挖一个指孔代替门把手，可以让门看起来更简约，也更省钱。

普通瓷砖是最经济、实惠的防溅板。如果担心勾缝剂弄脏墙面，那么可以使用一大块玻璃充当防溅板。它也可以充当提示板，用来写购物清单和各种提醒事项。还可以使用彩色勾缝剂（见问题93）。抽油烟机通常价格不菲，也经常出故障，可以购买替代品（参见问题78，查看抽油烟机的替代品）。读读问题73，查看从朴素的木材到时髦的抛光混凝土等不同材质的操作台面的优缺点。

80 / 如何挑选厨房小家电？

我并不建议购买许多昂贵的厨房用品。不过，如果昂贵的厨房用品能让你感到快乐，或者有助于完成无聊的家务劳动，那我完全支持。我认为每个厨房里都应该有一件减轻工作量的用品，对我来说，这件用品是沸水水龙头。有了沸水水龙头，就不必使用水壶，台面变得更加干净、整洁，而且我能快速喝到咖啡（不是指喝速溶咖啡，只是制作咖啡的速度比较快）。你也许更喜欢葡萄酒柜或蒸汽烤箱。

如果洗碗机是你梦寐以求的厨房用品，但是觉得一个人住，没必要购买，那么可以选择带两个抽屉的洗碗机。这两个抽屉可以独立使用，互不影响。对我来说，我并不喜欢能够制冰水和冰块的冰箱，因为必须手动将水装进冰箱，这又是一项"工作"。我觉得带方便使用者伸手进去拿牛奶的小门的冰箱是个不错的选择。

既然说到这里，可以问问自己，你真的需要大冰箱吗？根据我的经验，冰箱的大小与冰箱顶层能容纳的酱料和腌菜罐子的数量成正比。在我们这个四口之家中，有六年的时间使用的是柜下冰箱。我们仔细计划每天的菜单，很少浪费食物。圣诞节的确是比较棘手的时期，但我们不能为了一年使用一两天而购买一件家具。这个问题我之前写椅子时也谈到过（见问题75）。

烤箱要挑选最适合自己的。集成灶看起来很高级，价格也比内置烤箱昂贵得多。喜欢与视线齐平的烤箱吗？使用这样的烤箱不用弯腰，小孩子也无法碰到。孩子能否碰到不是一个长期的问题，但弯腰可能是。

如果打算重新装修厨房，而预算还有富余，可以考虑在厨房中多花些钱。

81 ╱ 厨房装修过时了怎么办？

这其实是一个关于色彩的问题，也是我经常被问到的问题。厨房是家中花钱最多的地方，所有人都害怕出错，因此都会做出最安全的选择。然而，这些选择往往无法反映住户的品位和个性，也无法让住户开心。

几年前，我为一家报纸写了一篇关于玻璃操作台面新时尚的专题文章。厂家说，玻璃操作台面的可选颜色非常多——橙色、黄绿色、紫红色等。"顾客通常选择什么颜色？"我问道。"是白色。"厂家悲伤地回答。

如果只是为了出售房产而装修厨房，或者不打算长住，白色操作台面就是明智的选择，也可以通过粉刷墙面翻新厨房。假设情况并非如此，例如你的厨柜门是木制的，就可以根据心情随时重新刷漆。我们可能会在厨房里度过很多时间，我强烈建议将厨房刷成最能让自己快乐的颜色。你一定知道是哪种颜色，也许你穿的衣服就是那种颜色的。还可以在客厅里挂上充满这种颜色的图片。最好不要选择最明亮或者最鲜艳的颜色，这类颜色有些抢眼，可能很快就会感到厌烦。可以选择柔和一点的颜色。

另外，底柜和上层厨柜不一定要成套。可以大胆地选择底柜，用上层厨柜与墙面搭配，创造更开放的空间。

说到底，这是一本关于认识你自己和你的个人风格的书，希望你已经对你自己和你的风格有了一定的认识。曾经有位客户希望我能给出厨房色彩方面的建议。那时，家家户户都将厨房刷成灰色，她也决定那么做。然而，我在她的语气中听到了一丝不情愿。我们讨论了其他房间的颜色以及她的服装颜色，最后，我向她推荐了海军蓝。"这正是我想要的颜色,直到我们开始讨论,我才意识到这一点。"她说。于是,她买的灰色试用装就被丢进了垃圾桶。厨房是开放式空间,而底柜和沙发都是海军蓝的,两者搭配完美,将两个空间联系在一起,却不显得刻意。有时,我们应该相信自己的直觉。

关于规划厨房装修的注意事项

1

找出现有布局的缺陷，才能做出正确的调整。

2

明确装修预算——是更换厨柜、把手、操作台面，还是重新装修一遍？

3

想想在厨房里做哪些事——将盘子从桌上拿到洗碗机里，将盘子收起来，煮咖啡和烤面包，等等。

4

想清楚"何人、何事、何时、何处、为何以及如何做"这六个问题，确保装修细节不出差错。

5

思考自己是哪种类型的厨师，这（以及装修预算）将决定使用哪种材质的操作台面。天然石材多孔、透气，容易被弄脏；木头比较便宜，但不耐水、不耐热。

6

不想追逐潮流的话，经典色总是非常不错的选择。如果十分喜欢某种颜色，也可以大胆使用。另外，挑选厨房用品的颜色时可以参考厨房中已有的某些颜色，而且厨房用品可以随时更换。

7

如果条件允许，每家的厨房里都应该有一件爱用之物——我家的是沸水水龙头。你家的可以是蒸汽烤箱或葡萄酒柜。

8

不要忽略厨房照明。工作区使用作业灯，但一定要安装调光开关，并且选择不同的线路。这样就可以选择只为部分区域提供照明，节能省电。可以使用壁灯和台灯来提供更多照明光线。

9

厨房终归是家中的一个房间，要确保厨房能够反映住户的个性和品位。如果其他房间不是现代风的，就不要听取他人关于将厨房装成现代风的建议。

10

不同区域使用不同的操作台面——吧台选择木头台面，水槽附近选择复合材料台面。地面也可以使用不同的材料——食材准备区使用瓷砖，就餐区使用木地板。不能一刀切，要选择最适合自己的方式。

11

当餐桌附近空间有限时，使用长凳是一个解决座位问题的好方法。如果担心长凳不够舒适，可以铺上羊皮或者加上海绵椅垫。

休闲区与工作区

Lounging & Working

82 / 没有独立办公间怎么办？

如果没有多余的房间作为办公间，就不得不在其他房间里开辟出一个用来办公的小空间。

厨房的桌子可以用来办公，但是需要找个地方存放文件和打印机。尽管无纸化办公现在十分普遍，可以在云端浏览和存储很多文件，但有些东西还是需要打印出来保存。多年来，我一直在厨房的桌子上办公，桌子下放着一个带轮子的塑料盒，里面装着我每天要用的办公用品。

可以用柜子创造一块办公角落（见问题83）。有时，我们只需要一个方便办公的角落。可以购买一张带抽屉的桌子，工作结束后将笔记本和电脑放进抽屉里，就能保持桌面整洁。如果在卧室的角落里办公，看看能不能用屏风遮挡办公区，晚上休息时也可以作为遮挡。

如果有独立办公间，就要选择合适的家具。首先买一张沙发床。无论如何，购买沙发床都是一个很好的选择，可以腾出很多空间。我经常惊讶于许多人没有想到这一点。而且，在有床的房间里工作绝对是个坏主意。

接下来要思考的问题是，可以在梳妆台上办公吗？办公时，将镜子等其他用品放进抽屉里；有访客时，再收起办公用品，拿出梳妆用品。如果你用的是大型台式电脑，就有点不好办，只能将它留在桌子上。也可以考虑在墙上放置挂钩——这些挂钩既可以充当装饰品，也可以用来挂一些装着文件和文具的篮子。挂钩还很适合只有少量物品需要挂的客人。他们可以用来挂毛巾、睡衣，甚至是洗漱包。

83 / 如何用柜子创造一块办公区域？

并不是所有人都有专门的办公区，有时我们不得不在房间的某个角落里分割出一块区域用来办公。不管在哪里办公，最重要的是工作结束后，可以将这个区域"藏"起来。我们都知道手机屏幕和电脑屏幕发出的蓝光会影响睡眠——这也是为什么不该在卧室里办公的原因。然而，有时候我们不得不在卧室里办公，如果是这种情况，可以将办公桌藏在衣柜里。

当我和丈夫（当时还是男朋友）在伦敦租的第一套公寓里，我们就是这么做的。这套公寓有一间客厅，客厅里有沙发和餐桌，还有一间大卧室，卧室地板上放着一张床垫（我们在一起5年后才拥有真正意义上的床）和一排通顶衣柜。我们往衣柜里塞了一张小桌子和一把椅子，桌子上放着一台电脑。我不记得衣柜里是否有灯，那是1995年的事，那时电脑屏幕发出的绿光就够用。后来，我们换了笔记本电脑，转移到沙发上办公——就像我现在偶尔会做的那样。

　　这是非常基础的想法，还可以在这个基础上发展出更具体的关于设置办公区的

想法。顺便说一句，如果孩子需要一个做作业的地方，同时你希望晚上睡觉时能将

这个地方隔开，衣柜就是个好地方。

　　理想的情况是将办公区设置在柜子里。在办公桌高处放一个书架（办公桌的标

准高度约为73厘米），桌子下方放一个带轮子的凳子。如果空间够大，也可以将凳子换成椅子。将置物架放在桌子上方，置物架与桌面之间隔开办公文件那么高的距离。还要预留台灯插座（可以考虑在书架上安装夹式台灯）、打印机（可以放在桌子下面）插座以及其他需要用电的办公用品的插座。夜间也可以将手机放进壁橱里。为壁橱安装双开门，打开时占用的空间更少。而且，柜子通常位于窗户旁边，打开时遮挡的光线也更少。如果你能接受缩减食物的储藏空间，也可以在大面积的厨房里做一个壁橱办公区。当然，其他能够放置壁橱的地方都可以做成壁橱办公区。

最后，将壁橱内部刷成自己喜欢的颜色。这样一来，当你打开柜门，就会感觉心情愉悦，而不是对即将开始的工作充满悲观的负面情绪。

甚至可以在楼梯平台上放一张桌子，打造办公区。不过，最好让木工定制办公桌，避免浪费宝贵的空间（参见问题52）。

如果已经在凹室或墙面设置了书架，可以挪走一个约书桌高的架子，使用同样的方法创造一个办公区——安装一个双深度书架[1]，创造桌面空间。这样的办公区没有放置椅子的空间，但可以将椅子或凳子放在书架旁边。

---

1. 即 double-depth shelf，一种双排并列存放书籍的大容量书架。—— 编注

84 / 怎样才能使办公区充满灵感？

我们往往花费很长时间设计壁炉架或布置厨房里的置物架，但是常常忘记布置办公区。如果办公区只是一个小房间或者小空间，我们往往会被现实所困，忽略办公氛围的启发作用。

没人喜欢待在一个让人感到疲惫、压抑的地方，也没人喜欢待在一个一想到就会生气的地方——即使这里的电脑系统非常先进，抽屉非常顺滑，键盘也可以顺畅地推进、拉出。我曾提到过墙壁色彩的重要性（见问题83），合适的墙壁色彩能让办工区成为一个让人快乐且充满创造力的地方（顺便说一句，绿色非常适合办公区）。其他细节也不能忽略。

巨大的布告板不仅能用来存放未支付的票据和各种提示便签，在墙面上留出一定的位置安装布告板，根据心情重新布置，就能让布告板从一个纯粹的功能空间变成一个激励自己实现梦想的空间。在布告板上添加一些具有启发意义的东西，可以是梦想假期的图片，也可以是几个月前观看的演出或电影的票根。我家的布告板上贴满了我喜欢的油漆颜色的样本。为什么不打印几张开心时刻的照片，将它们和从杂志上撕下来的心爱图片钉在一起呢？有人说，将梦寐以求的东西的照片贴在墙上，可以激励自己努力工作，终有一天你会将梦想变成现实。

如果不喜欢布告板，也不喜欢软木块和磁铁，可以选择悬空置物架。可以将封面漂亮的杂志和未看完的月刊放在置物架上。还可以放置一些装饰品、纪念品和日历。我将办公间的置物架当作移动的情绪板——上面放着我喜欢的各种物品——给我带来了很多灵感（更多相关内容可以查看我的博客）。

85 / 怎样挑选沙发？

网络上、杂志上有很多关于如何挑选沙发的建议。这些建议似乎只告诉人们要选择喜欢的款式和颜色，以及注意沙发的尺寸是否可以进门。这些都是需要注意的细节，并不是无关紧要的事。除了床垫（见问题51和56），我觉得沙发是第二重要的物品，而且通常价格昂贵，会使用很多年。挑选沙发时，有些注意事项需要牢记（沙发的颜色和款式请自行决定）。

首先，沙发的框架必须是硬木做的。有些沙发厂家混合使用硬木和刨花板制作沙发框架，刨花板会随着时间的流逝而受损，厂家却依旧称这种混合木材为硬木。因此，购买沙发前一定要问清楚这一点。沙发框架应该既重又结实，可以抬起沙发前部检查一下，如果框架发生弯曲，说明沙发不够结实。

如果不确定沙发是否可以进门，那么一定要测量门的尺寸，还要注意楼梯平台和转弯处的尺寸。在准备放置沙发的房间里，用遮蔽胶带标出沙发在地板上所占的空间。如果有必要，将楼梯的照片发给制造商，让他们提前了解各处的尺寸。一些沙发的腿和扶手可以拆卸，有些厂家会根据客户的具体情况改动沙发的尺寸。

选择沙发款式时，请记住，窄扶手意味着更多的座位空间，较高的沙发腿意味着能看到更多地板，让房间显得更大（见问题9）。后面会谈到沙发的材质（见问题86）。羽毛沙发垫需要经常拍打以保持蓬松，而海绵沙发垫并不舒适。可以选择混合多种材料制成的沙发垫。将羽毛包裹在海绵里是一个很好的解决方法，这样的沙发垫既舒适，也不需要经常拍打。

选择什么形状的沙发？

选择什么形状的沙发涉及最初的那六大问题——哪些家庭成员会使用放沙发的房间，他们在沙发上做什么，放沙发的空间有多大，等等。弧形沙发外观非常漂亮，也不会占用很多空间，很适合在交谈时使用，但不适合看电视时使用。组合沙发适合孩子们一起看电影时使用，但占地面积很大，不适合狭窄的维多利亚式露台。

86 / 最适合沙发和椅子的材料是什么?

天鹅绒近年来非常受欢迎,尤其是用在沙发和椅子上。市面上有两种天鹅绒:人造天鹅绒没有小绒毛,可以防污渍,比棉天鹅绒更结实;棉天鹅绒有小绒毛,朝向容易弄乱,而且不耐脏,也更加脆弱。尽管如此,丝绒总体上比亚麻更结实。亚麻很容易磨损(特别是坐在沙发上的人经常穿牛仔裤的话)。在任何情况下,我都更推荐人造天鹅绒而不是亚麻。

说到摩擦,需要了解一下马丁代尔(Martindale)耐磨测试或美国的威士伯(Wyzenbeek)耐磨测试。耐磨测试是一种行业标准,用来计算一块织物分解前可以承受的摩擦次数。在英国,35,000分是一个良好的行业标准,但是30,000分这个分数也经常出现。结实的人造天鹅绒的耐磨测试分数可达到100,000分,普通的人造天鹅绒的耐磨测试分数通常为65,000分左右。一般来说,分数越高越好。

马丁代尔耐磨测试只能测出织物的耐磨程度,无法从中得知织物的抗污能力和褪色程度。我们还应了解,深色织物比浅色织物更容易褪色,棉布和亚麻比天鹅绒更容易褪色。现在,许多面料都有防污性能,许多厂家也在努力提高面料的抗褪色性能。

遗憾的是,目前还没有开发出防宠物的产品。在面对被宠物弄脏的布料时,我们往往需要一把水枪。

87 / 如何挑选茶几?

和床头柜（参见问题99）一样，挑选茶几不是一件容易的事。要将茶几完全置于地毯上，再用周围的家具固定住地毯。不要让茶几孤单地立在地毯上。

接下来要确定茶几的用途，这主要由房间的大小决定。通常，各种家具之间应保持90厘米的间隔，才能方便人们通过。但我喜欢茶几和沙发距离一步远，说明合适的距离因人而异。这也表明我不喜欢华丽的茶几。我家的茶几是从旧货商店买来的二手商品，它可以放下几本书、一瓶花、一两支漂亮的蜡烛、一个干酪盘、一瓶酒、一只猫和我的脚。如果听起来是你理想中的茶几，那你可以在易趣网上找一找。还有一个方法是买一张旧餐桌，然后将桌腿锯短。我强烈怀疑我的茶几就是这么来的，尽管是很久以前买的。

如果你是个比较文雅的人，希望在茶几上放一杯鸡尾酒，并且陈列一些漂亮的艺术品，那么可以考虑玻璃茶几或者大理石茶几。如果房间的面积比较小，可以选择细腿茶几或者玻璃台面茶几、藤条茶几、黄铜茶几等光线能够穿过的款式，这样才不会让茶几看起来像房间中央的一条搁浅的鲸鱼。如果想增加额外的座位，可以选择奥斯曼风格的软包茶几。

当然，还可以选择套几。套几是非常实用的家具，如今又重新流行起来。以前，套几被摆放在沙发一端，需要用的时候才将额外的茶几抽出来。现在，可以将三张高度不同的茶几都摆放在沙发前。要用的时候，将其中一张挪近一点就可以。两三张圆形茶几搭配起来，效果也很好，它们的曲线与沙发的直线可以形成很好的对比。

88 / 如何隐藏电视和电线？

　　这是我最常被问到的问题之一。首先，可以考虑将电视后面的墙刷成黑色，让电视"消失"在背景墙中。然而，不是所有人都喜欢黑色的墙面，这个方法并不适用于所有人。

　　另一种方法是规划一道假墙，将壁挂电视的插座和各种线路都藏在假墙后面。还可以将电视摆在架子上，架子下方摆放一个放置机顶盒、音箱等其他配件的架子。如果选择用架子，一定要让电工在墙面固定一排插座。两个架子间的空隙用胶合板填满，胶合板两端各留一指宽的缝隙或者小孔，方便拆卸。记得在架子底部留出一定的空间，用来布置各种电器设备的线路。当电器设备被挂在墙上时，可以将线路藏在空隙处，再将胶合板刷成与墙壁相配的颜色。这样一来，一切都很清爽、整洁。

　　还可以将电视藏在餐具柜或者储物柜里，也可以用推拉门遮挡电视。推拉门必须安装在大面积的平面墙上。

89 / 什么情况下可以将电视安装在壁炉上方？

永远都不要这么做。如果电视的位置太高，看电视时会不舒服，就像坐在电影院前排看电影一样。更不用说安装在壁炉上方意味着要凿掉部分墙面来布置线路，再修复墙面并粉刷。这比将电视摆放在电视柜上的工作量大很多。电视的最佳放置高度可以这样确定：以舒服的姿势坐在沙发上，水平地看向正对面的墙面，找到目光在墙面上的交汇点，让电视的中心位于交汇点上。这比想象的高度低许多。

90 / 储物柜和陈列柜如何混合搭配？

每个人可能都有一些物品需要放在客厅里展示，例如装饰品和精装画册。所以，储物柜和陈列柜的搭配组合非常重要。我认为，所有的书放在书架上都很美观，但我知道部分人更喜欢只展示华丽的精装书，而将平装书收起来。当我将吉利·库珀（Jilly Coopers）的书放在菲利普·罗斯（Philip Roths）的书旁边，或者拒绝将字典收起来时，我丈夫都会露出痛苦的表情，而我会反常地感到高兴。

如果你喜欢那种老式柜子——下半部分是收纳柜，上半部分是书架，或者喜欢部分置物格装了门的通顶置物架，那就需要决定展示哪些物品、收起哪些物品。一般来说，桌游、DVD（我可能是唯一保留DVD的人）、旧杂志需要收起来，而装饰品、书和照片可以陈列出来。如何陈列物品与个人品位有关。我比较喜欢将照片摆放在置物架上，而不是挂在墙上。

91 / 装饰画应该挂多高？

很多人将装饰画挂得非常高。实际上，装饰画的中位线应该与水平视线的高度保持一致。如果住户的身高差距比较大，那就按照普通人的平均身高计算。

巨幅装饰画不能离地面太近。专业人士建议巨幅装饰画应与地面保持148厘米到152厘米的距离。可以将家具的高度作为参照，这个方法也许更加实用。

挂装饰画的关键在于创造装饰画与附近的家具之间的联系。如果在低矮的长凳或桌子上方挂一幅尺寸较小的装饰画，画与家具间隔太远，很难产生联系。请忘掉上面说的规则，将装饰画向下移，或者挂在家具的一侧。我发现用手机拍照能让我们更好地查看装饰画挂得是否合适。不知为何，从照片中更能看出房间的布置是否合适。

例如，挂在沙发上方的装饰画应与沙发靠背保持30厘米的距离，避免起身时撞到头。第182页有关于如何布置装饰画的建议。如果想在沙发上方挂几幅画，还有一些其他注意事项。

如果装饰画的顶部与门窗齐平，会显得房间里有很多直线，最好不要这样做。如果将装饰画挂在门对面，或者从门外可以看到装饰画，除了在屋内查看装饰画的

位置是否合适，还要在屋外检查一遍。

　　如果装饰画的尺寸比较小，别将它挂在正中间，可以挂得低一点或者挂在一侧，便于吸引人们的注意力。如果装饰画的尺寸小到不适合单独悬挂，可以和一幅较大的装饰画搭配，挂在大幅装饰画的斜下方，让两幅画之间产生联系。

　　一般来说，不能在每面墙上都只挂一幅画。例如，可以在一面墙上挂一幅较大的画，另一面墙上挂一组画（三四张），第三面墙留白，还有一组画（数量和尺寸都与另一组不同）被挂在第四面墙上。挂装饰画最好的方法就是将画按照想要的方式在地板上摆出来，看看搭配效果如何，或者用无痕魔术贴来挂画。

很多设计师都喜欢无痕魔术贴，它很容易撕开——一半贴在墙上，另一半贴在画上。从墙上撕下来的时候也不会留下任何痕迹。无痕魔术贴非常适合用在画廊中，可以将画随意移动；也适合租房者，因为房东可能不允许在墙面上打孔。装饰画的位置可以根据实际情况调整，再用无痕魔术贴或者老式挂画钩固定。

想要将一组画排成一条直线——这是最难的挂装饰画的方法，也是最有效果的方法——必须在墙面上确定一条顶端线。将画框靠在墙上，画面朝向墙面，测量挂钩到画框顶部以及顶端线的距离。这种方法适用于只有一个挂钩的情况。如果使用长短不一的绳索来挂装饰画，我可能会选择其他方式，或者换成长度相等的绳索。

关于如何挂装饰画，我还要说最后一句——将装饰画挂在角落里，效果也非常好。可以从壁龛开始挂，再延伸到相邻的墙面上，不要完全挂在凹槽内。

关于布置画廊墙的注意事项

以下建议来自获奖博主莉萨·道森（Lisa Dawson）。道森住在约克郡，她家的装饰画墙在Instagram上很出名，她的关于如何布置装饰画墙的帖子也非常火。

莉萨·道森

获奖博主

1

首先，一定要选对位置。装饰画墙本身就是一件艺术品，也是视觉焦点。找一块干净的墙面，计算自己需要多少空间。

2

仔细打量每一寸空间，特别是从未考虑过布置装饰画的地方——楼梯平台就是个不错的展示空间。在那里布置装饰画，能给人留下很深刻的印象，也能让那里充满个性。

3

在画框的选择上可以理智一点。不要在定制画框上浪费钱，除非你真的需要它。DIY超市里有大量成品画框可供选择。

4

仔细思考自己最喜欢哪种风格的装饰画——一定要选择自己真正感兴趣的装饰画，装饰好的墙面才会让你感到快乐。如果非常喜欢某件作品，即使价格有点贵，也可以购买。

5

组合搭配。例如混合布置印刷品与照片；用从慈善商店买来的画作搭配油画；将限量版画作与假期的照片搭配在一起。这些图片的对比会让整个陈列更有趣。

6

陈列出来。先用一块与墙壁大小差不多的地毯当作模板，一幅幅地往上摆放装饰画，调整画框的位置，直至完美匹配。

7

注意间隔。画框不需要完全匹配，但要注意画框间的连续性。如果画框的颜色不同，两个画框最好间隔一定的距离，避免颜色堆积。

8

开始放置。按照在地毯上设计出来的陈列方案将装饰画挂在墙上。首先固定左下角，然后向上、向外慢慢固定。

9

使用合适的固定装置。较轻的有机玻璃画框可以用无痕魔术贴来固定，玻璃画框用金色图钉固定。更大、更重的画框要在墙上打孔固定，才能保证安全。

10

要勇敢。要对自己的选择充满信心，相信自己能够完美地选出画作、装饰墙面。

浴室和卧室

Bathing & Sleeping

IX

92 / 什么情况下可以不装浴缸？

许多房地产中介说，不要浴缸是一个错误的选择，会吓退未来的买家。但是，我认为装修是为了保证当前住户的生活便利，而不是为了一个可能10年后才出现的买家。而且买家也能轻而易举地改变房间的装修，重新装一个浴缸。

我近80岁的母亲15年前就决定安装淋浴房，因为进出浴缸比较麻烦。水管工建议她不要拆除浴缸，她也接受了这一建议。所以，我母亲现在拥有一个很久才用一次的浴缸、一个小小的淋浴间和一个安装在角落里的马桶。卫生间并不宽敞，她也不喜欢。我母亲并不是为了自己进行装修，而是为了想象中的未来买家。然而，仅仅出于不喜欢角落里的马桶这个原因，未来的买家都很有可能想重新装修。

所以，如果你的浴缸只是大型毛巾架，并且孩子们更喜欢淋浴，那就拆除浴缸。这是你自己的家，不是水管工的，更不是房地产中介的，一定要以自己的意见为主。

93 / 如何选择勾缝剂？

网上有各种清洁勾缝剂的方法。我尝试过一小部分，都没用。

地板上的勾缝剂很容易变脏。避免勾缝剂变脏的方法之一是，一开始就使用黑色勾缝剂。其实，黑色勾缝剂也会变脏，但是肉眼很难看出来。如果浴室的地面上铺了瓷砖，并且安装了淋浴房，那么肥皂和洗发水就成了新的问题。虽然有各种可以让问题最小化的清洁方法，但都无法从根本上解决。马贝公司（Mapei）生产各种不同颜色的勾缝剂，可以用粉色勾缝剂搭配白色瓷砖，或者用金色勾缝剂配蓝绿色瓷砖，可以将它视为一种附加的装修特色。

还有一种环氧树脂（或者树脂）勾缝剂，价格昂贵，用起来也不方便，装修工人并不喜欢。但是，这种勾缝剂非常耐脏，使用寿命也比传统的勾缝剂长。我家浴室里用了这种勾缝剂，装修工人抱怨了很久才弄清楚如何使用。现在，他向每一个他服务的家庭推荐这种勾缝剂，而不是表面坚固、不需要勾缝的微细水泥。有关勾缝剂的问题就这样解决了。

94 / 卫生间需要多少储物空间？

远比你想象的要多。首先要思考哪些物品需要放在卫生间里——毛巾和卫生纸？这些物品能放在其他地方吗？一次囤多少瓶洗发水比较合适？可以买一个架子放在淋浴器旁或者浴缸上，将洗澡用品都放在那里。

　　洗手池下方可以安装柜子或抽屉。如果想购买可以将洗手池安装在上面的传统浴室柜，一定要买带抽屉或者格子的款式。记住，还要为水管留一些空间。

　　入墙式马桶上方一般会安装一个通顶柜，水箱也可以装进去。还可以安一扇柜门，更好地保护隐私。索菲·鲁宾孙告诉我，她认识的一对夫妇用镜面柜覆盖了浴室的一整面墙。这不仅会让卫生间显得宽敞，而且柜子的进深只有21厘米，在增加许多储物空间的同时不会占用很多空间。当然，如果不将每一扇门都贴上标签，寻找物品时会仿佛海底捞针。

　　简而言之，没有足够的地面空间时，墙面空间也可以利用。想想自己需要多少储物空间，真正装修时预留两倍的量。我敢保证，多余的储物空间不会空置很久。

95 ／ 卫生间里的哪些地方值得花钱？

　　那些经常使用的零部件需要多花钱——我指的是水龙头、冲水装置、排水管等。我曾买过廉价洗手池水龙头，没用多久就开始漏水。现在，它布满了水垢，变得很难看。而且，廉价洗手池的弹出式下水口含有塑料配件，很容易老化，我不得不重新购买橡胶塞。

　　安装淋浴设备时，装修工人建议我们不要使用塑料淋浴槽。他说，塑料淋浴槽用久了容易脱胶，而且容易起皱。由于钢淋浴槽和珐琅淋浴槽价格昂贵，我们并没有采纳他的建议。事实证明，他说得没错。用了不到3年，我们就更换了淋浴槽。总之，那些经常使用的零部件，一定要购买经济能力范围内最好的。

可供选择的浴缸种类不多——丙烯酸浴缸最轻，适合老房子；铸铁独立式浴缸很重；钢浴缸价格昂贵。在浴缸上可以省点钱，多花点钱买质量好的水龙头。

与水接触的零部件也值得多花钱——例如淋浴屏、花洒和阀门。另外，如果质量好的产品出现问题（尽管质量好的产品不应该出现问题），可以直接购买零部件进行替换，不用购买一整套新的。

在瓷砖上可以节省一大笔开支。有些瓷砖贵得出奇，挑选瓷砖时一定要多逛几家店。如果自己粉刷墙面，或者不改变管线布局，也能省一笔钱。

96 / 卫生间里可以节省哪些空间？

在欧洲各国中，英国人的房屋面积最小——英国的平均新建房屋面积为76平方米。相比之下，丹麦的新建房屋面积为137平方米（而人们还在疑惑为什么丹麦人总被认为是世界上最幸福的人）。不知出于何种原因，卫生间似乎总是挤在狭小的空间里（厨房的面积通常也不大）。实际上，我们能看到的真正宽敞的卫生间往往是一些老房子里的卫生间，那些房子的卧室应该被改造过。这意味着大多数人必须努力地在狭小的卫生间里尽可能多地储存各种物品，还希望卫生间能给人一种很豪华的感觉。

如果喜欢浴缸，可以选择边沿比较薄的浴缸。标准的浴缸长1.7米（见第107页的清单），这是从浴缸外部测量的尺寸。传统浴缸的边沿比较宽，意味着浴缸内

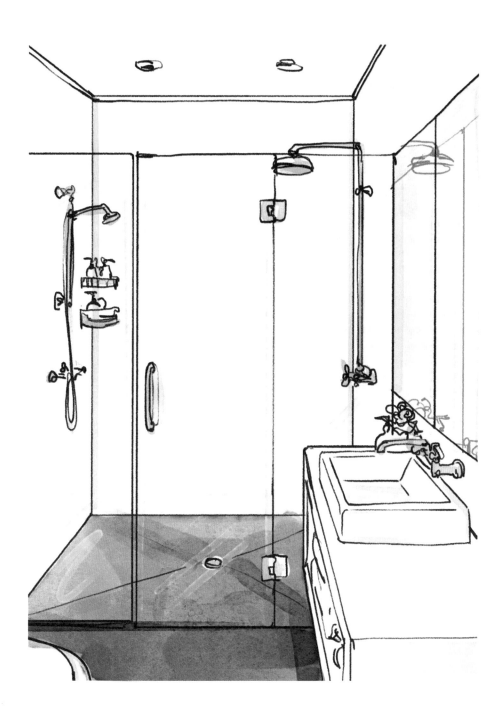

部的空间比较小。随着科技的进步，和英剧《神秘博士》里的塔迪斯飞屋（Tardis）一样边沿比较薄、内部空间比较大的浴缸也可能会成为现实。

如果既想要浴缸，又想要淋浴间，而且花洒必须安装在浴缸上方，可以选择内壁垂直的浴缸。与内壁呈斜面的浴缸相比，这种浴缸有更多可供站立的空间。要确保出水口安装在中间位置，避免站在浴缸里洗淋浴时踩在出水口上。选择这种浴缸加花洒的组合，要购买贵一点的浴缸，最好选择树脂浴缸或者铸铁浴缸。丙烯酸浴缸用久了会松动，可能会导致硅胶接头脱落，而硅胶接头的重要作用是防止水漏到楼下的房间里。

当然，也可以选择坐式浴缸。洗澡时只能半坐在里面，并没有水疗的感觉。我觉得比较好的做法是安装规格比较大的淋浴间，不安装浴缸。透明的玻璃面板和嵌入地板的淋浴槽能让空间看起来更大，因为这样的设计看起来比较通透。地板样式保持一致也能有放大空间的效果。

卫生间所需的储物空间远比想象的多。地面空间不够用时，记得使用墙面空间。入墙式马桶不仅更加卫生，还能露出更多地面，使卫生间看起来更大。覆盖水箱的地方已经有了隔板，可以将这个隔板当作底座，打造一个直达天花板的柜子，并且安上门，让整个空间看起来更加简约。

洗手池上方能否挖出一块地方用来安装浴室柜？浴室柜的镜子与墙面齐平，就成了隐藏的储物空间——这个空间只要有一瓶洗发水或者漱口水那么宽即可。

加热毛巾架比较笨重，用来挂毛巾的话，就不能为浴室供暖。可以考虑在墙面安装地暖，上面固定一些挂钩，既能挂毛巾，也能为卫生间供暖，整体设计也比较简约。

97 / 主卧独立卫生间需要多大空间？

想打造主卧独立卫生间，一定要将卫生间看作一个整体，看看能否借用隔壁卧室的部分空间，打造一个豪华的卫生间和更衣区。大卫生间往往看起来比大卧室更豪华（见问题3）。有时，没有空间可以借用，而卧室比所需的大一些，那么就可以想想是否有足够的空间打造一个主卧独立卫生间。

我曾咨询过西一浴室（West One Bathrooms）的首席设计师路易丝·阿什当（Louise Ashdown）。她告诉我，如果占用卧室的一个角落打造卫生间，淋浴房至少需要1.6米×1.6米的空间。选择扇形的空间，才能保证站在淋浴房外擦干身体时有更多活动空间。马桶和洗手池只需要0.8米×0.8米的空间。也可以在角落里安装三角形马桶，或者将洗手池装在衣帽间内。

当然，狭长的卫生间是最好的选择——也许可以在卧室的一侧隔出一个卫生间？理想情况下，卫生间需要至少1米宽（1.2米最佳）、2米长。将门设置在中间——推拉门是最佳方案，因为占用的空间小（见问题50）。淋浴区在卫生间的一侧，而入墙式马桶在另一侧，中间是浅盆洗手池。

别忘了，还需要洗完澡后擦身体的空间以及在马桶前转身的空间。因此，淋浴房与马桶前端要保持至少0.7米的距离，才能保证不会撞到膝盖和胳膊肘。这是最小的卫生间尺寸。如果条件允许，卫生间可以更宽一些——1.2米就很不错，长度至少为2.2～2.4米。

还要注意卫生间的天花板是否是斜面——特别是有男性会用到这个区域时。我曾在一套房子的阁楼里见过一个主卧独立卫生间，天花板呈斜面，每个人都必须坐着小便，非常不方便。天花板的问题也许不难注意到。如果卫生间有带门的储物空间或者抽屉，一定要留出充足的空间，方便使用。卫生间中部的空间——用于活动、擦干身体、存放东西的地方——和淋浴的空间一样重要。

冲水的响声也值得注意，因为可能会影响睡眠。有一个这样的说法：马桶应尽量靠近污水管。污水管可以安装在地面上，但是需要加高地面，才能保证水流顺畅。排水管不能有太多转弯处，而且要有足够的地下空间，才能保证其他排水管与污水管之间有一定的坡度。带有废物处理装置的马桶能更彻底地排走污物，但是冲水的时候噪音很大。如果起夜比较频繁，就不要选择这种马桶。

还要考虑从房间看卫生间的效果——不会有人躺在床上时想看到马桶。

98 / 步入式衣帽间需要多少空间？

与主卧独立卫生间一样，打造步入式衣帽间时也要将衣帽间看作一个整体。我的一个家在纽约的朋友打造了衣帽间，在她的建议下，我也打造了一间。衣帽间需要能让使用者像企鹅一样撑开两只手走进去的宽度。这个空间就是步入区（穿衣区）。除此之外，还需要挂衣架的空间——如果空间足够，两边都可以挂衣服；如果不够，只能挂在一边——大概60厘米深。

如果衣帽间和床之间有隔断墙，那么衣帽间的宽度取决于床（以及床头柜）的尺寸。这种衣帽间要从侧面进入，步入空间可能和门道一样狭窄。90厘米是最舒适的宽度。

　　隔断墙要直达天花板——高处可以用来储物。如果长裙不多，可以安装两层挂杆，以便最大限度地收纳衣物——上层挂衬衣和其他上衣，下层挂裤子和长裙（记得将裤子叠起来挂在衣架上）。我的衣帽间里只有一层挂杆（它只是步入式衣帽间的雏形），最近，我将一组矮柜放在衣帽间里，用于收纳内衣、袜子和健身用品。

　　我在步入式衣帽间两端都装了门，原因有两方面——第一个是它在窗户旁边，为了更好地保护隐私，不让马路对面的人看到屋内的情况；第二个是可以很好地遮挡尚未清洗且不想叠起来的衣服。我还在衣帽间内安装了插座，并且在置物架上装了灯，方便我们在冬天的早晨和晚上看清衣帽间内的情况。当然，也可以安装射灯。

我家是传统的维多利亚式房子，壁炉两侧都有壁橱。我用这些壁橱收纳鞋子、挂其他衣服，还在壁炉上装了一面大穿衣镜，壁炉台就成了我的梳妆台。多年来，我一直站着化妆。最近一次坐下来化妆时（当时在一家高级酒店里），我甚至因为不习惯而不小心用睫毛膏戳到了眼睛。

99 / 去哪里购买床头柜？

似乎所有人都很难找到合适的床头柜。出于某些原因，它们大多有些过时。如果真的需要床头柜，一定要想清楚你需要哪些功能。

根据我的经验，床头柜上往往堆满了很多不必要的杂物，而真正需要的水杯、书或者手帕则被放在床边的地板上。因此，床头柜并不是必需品。思考一下你是否只需要一个放唇膏等零碎物品的抽屉，而不需要一整个床头柜。

不管选择什么样的床头柜，柜面一定要够大，能够放得下一盏灯、一部手机和它的充电器、几本书、一杯水及其他物品等。还应该挑选美观的床头柜。床头柜要既实用又美观，这是很高的要求。我倾向于选择小型老式柜子——类似学校储物柜的柜子非常适合用作床头柜。

此外，在床边装一两块置物搁板也是个很不错的方法，可以腾出更多地面空间，让房间看起来更宽敞。如果房间内的空间十分有限，可以将床头灯装在天花板上（参见问题68，有更多照明方面的建议），腾出桌面空间，用来摆放书籍。

简单地说，买床头柜之前应该仔细思考需要让哪些物品离自己近一些及其原因。

有时，一对小桌子就很适合用来充当床头柜，而且它们也不需要相配。

100 / 如何选择合适的床垫？

人一生中有三分之一的时间是在睡眠中度过的。买一张舒适的床垫非常重要。以下建议来自著名床垫品牌许普诺（Hypnos），该公司自1929年起一直持有英国王室御用许可证。这些建议有助于挑选合适的床垫。

许普诺品牌的营销总监克里斯·沃德（Chris Ward）说，至少需要在床垫上躺10分钟，才能真正感受出床垫是否舒适。可以脱掉厚外套和鞋子，以睡姿躺在床垫上感受。和自己的伴侣一起躺下试试，也许你们喜欢不同的床垫，那么可以购买双面弹簧床垫，或者将两张中间带拉链的床垫拼在一起。

就尺寸而言，通常应选择合身的最大尺寸。我们每晚大约翻身60次到70次。理想的状态是，能够平躺在床垫上，双手放在脑后，转身时不会碰到身旁的人。

如何处理旧床垫也是个值得考虑的问题。通常来说，旧床垫的命运是去往垃圾填埋场。床垫需要10年以上的时间才能分解，而一张双人床垫大约占0.65立方米的空间。显然，将床垫扔到垃圾填埋场的做法十分不环保。可以问问床垫厂家能否回收利用。

一张高品质的床垫能够支撑整个身体，调节体温，让人感觉非常舒适。使用可持续环保材料制作的床垫拥有额外加分项。

独立袋装弹簧床垫的价格最昂贵，因为这种设计能将床垫作用于身体上的压力最小化。每根弹簧都能根据使用者的身体姿势独立调整，支撑使用者的脊柱。这样可以缓解背部的紧绷程度、促进血液循环、放松肌肉，有助于睡眠。袋装弹簧床垫还有一个好处——如果你和伴侣的体重不同，或者其中一人总是睡不安稳、经常翻身，这种独立袋装弹簧的结构可以避免让睡在另一侧的人仿佛置身于暴风雨中的小船那样被迫翻来覆去。

天然纤维床垫比较透气，躺在上面不会觉得很热。天然纤维床垫能在某种程度上调节体温，合成纤维床垫则没有这样的功能。

101 / 什么样的床上用品最好？

读到这里，你也许也想躺着放松一下。什么样的床上用品最好？这个问题主要取决于个人品位。亚麻制品和棉织品各有各的优缺点，棉花也有很多种类。我直到快50岁时才知道不同棉花的区别。因此，我必须就这个问题说明一下。

首先，种植棉花需要大量的水，选择棉织品并不环保。话虽如此，这个行业近年来遭到严重破坏。越来越多的公司选择在雇用女性、利用循环雨水的公平贸易工厂生产有机棉。可以选择这类棉花。

还可以考虑高级密织棉布和棉缎。棉缎并不是肥皂剧中廉价的缎子，我曾经并不知道这一点，觉得棉缎是假缎子。所以，多年来，我一直拒绝使用棉缎床上用品。

也许你曾听过"针数"这个词语，它是指每平方英寸[1]内横针和竖针织线的数量总和。通常，这个数值越高，布料越柔软、舒适。当然，布料的质量好坏不是这么简单的事。我曾与升与降公司（Rise & Fall）的联合创始人威尔·库尔顿（Will

---

1. 1平方英寸约为6.45平方厘米。——编注

Coulton）谈过布料质量的问题。这家公司和一家印度工厂合作，工厂使用自己的风力涡轮机发电，回收并重复利用99%的污水，使用非塑料包装，并且保证大部分女工人（及其家人）能够获得免费教育。库尔顿解释说，机器会将比较短的纤维捻在一起，生产的布料比较粗糙。因此，关键是要有超长的纤维，能够减少捻结，使床单更加柔软。当然，也可以通过增加纤维的密度来增加针数。但这也意味着床单更重，还可能更粗糙。

高级密织棉布采用上下各一针的织法，棉缎则采用上面一针、下面四针的织法。细布被套的针数不能超过400，否则盖着睡觉会觉得很热、很重。棉缎的针数应该为600。

埃及棉来源于海岛棉，是世界上纤维最长的棉花，因此也是最珍贵的棉花。埃及棉并不总是产于埃及，因此，如果看到印度产的埃及棉，请不要感到困惑。

喜欢柔软舒适的床上用品就选择棉缎，喜欢酒店中那种质感较硬的床上用品就选择高级密织棉布，也可以随着季节变换更换床上用品。

亚麻布的纤维通常比棉花更厚、更长，因此也更耐用。亚麻布是由亚麻籽制成的，亚麻籽是一种可再生资源，所以亚麻布被认为是一种更环保的选择。也许你曾听过有人吹捧亚麻床单，认为用得越久就会变得越柔软。然而，需要多次洗涤才能有这样的效果。亚麻布还能帮助排汗，冬暖夏凉。在商业街购买的预洗过的亚麻床上用品比棉质床上用品更昂贵，但你可能会觉得它们不够柔软，不符合你的需求。

关于规划卫生间的注意事项

1

着手规划之前，仔细思考"何人、何事、何时、何处、为何以及如何做"这六大问题。

2

考虑一下是选择浴缸还是更实用、更奢华的大淋浴房。

3

安装淋浴房能够避免进出浴缸的不便，是一个未雨绸缪的好选择。

4

无论怎样规划卫生间，一定要预留更多储物空间。

5

安装一个长款洗手池或者两个普通尺寸的洗手池，以便更多人可以同时使用。

6

入墙式马桶能让卫生间看起来更宽敞，也更容易清洁。安装入墙式洗手池也有同样的效果。

7

在明亮的清晨和轻松的夜晚，卫生间里的灯光应该暗一些。

8

瓷砖和镜子可以增添个性，带来暖意。应该像对待家中的其他房间一样对待卫生间，让它反映出住户的个性和品位。

给租客和首次购房者的建议

Top Tips for Renters & First-time Buyers

本书中有些建议适合不用每月支付房贷的人群，主要集中在以下十个方面。这些建议也适合首次购房者，他们往往将全部家当抵押给了银行，连饭都吃不起，更别提重新装修厨房和阁楼。

租房的主要问题在于很难重新装修，或者很难让租来的房子有家的感觉。更换壁纸在一定程度上能够解决这个问题。可以在手工艺品交易网站Etsy上找到很多设计得很棒的壁纸。

参见问题：5、6、7、9、10、11、12、28、29、83、84、91

出租房的地面确实是一个棘手的问题。如果地板很丑，并且不能更换，可以铺上地毯，搬家时还能带走。买一块很大的地毯，将地毯的边缘包起来，尽量铺满整个房间。铺上地毯，地面高度会增加，要注意检查门是否还能打开。不管是租的房子还是买的房子，出于噪音方面的考虑，住在一楼时最好不要选择木地板。如果能在木地板上铺海草垫或者剑麻垫，噪音会小很多。

参见问题：13、14、15、19

出租房里贴的瓷砖也是糟糕品位的重灾区。如果房东允许，可以为瓷砖重新刷一层漆。现在，市面上的瓷砖贴纸种类越来越多，它们不是永久性的，可能是更好的选择。

参见问题：25

租客可能无法改动照明布局，可以买一些好看的灯。还可以问问房东，能否让电工改变电路并增加调光开关。

参见问题：27、63、64、65

购买并改造一些便宜的旧家具。虽然无法完全重新装饰旧家具，但可以用一块质感好的材料遮盖使用痕迹。

参见问题：60、61

如果不喜欢原有的窗帘，可以将窗帘取下来保存好，然后换上新窗帘。商业街上的家居用品店出售价格实惠的窗帘。每扇窗户挂两块窗帘，看起来会更豪华。也可以不挂窗帘，而是选择简易百叶窗。

参见问题：42、43、44、45、46、47

如果房东不允许在墙面上打洞，可以使用无痕魔术贴。无痕魔术贴的黏性强度不一，能够固定大部分装饰画。仔细阅读无痕魔术贴的使用说明，避免撕掉墙漆。

参见问题：91

如果租房住的时间比较长，可以考虑更换一个喜欢的厨房厨柜门把手。

参见问题：48

问问房东能否装饰墙面。尽管只能装饰成白色，也比乳白色更清爽、美观。也可以用和纸胶带（或者类似的胶带）装饰墙面，很容易撕掉。

参见问题：24、25

购买一些搬家时能带走的家具和装饰品绝对不会出错。

参见问题：51、55、56、57、58、60、61、62、75、81、86、87、88、100、101

关于尺寸和标准方面的注意事项

A Note on Dimensions and Regulations

本书中提出并回答的问题适用于任何国家。聪明的设计在任何地方都是聪明的，尺寸和装修细节则因地而异。因此，装修之前要做足功课。无论居住在哪个国家，请记住，每个地区的建筑规范都不一样。每座城市、每个区的建筑规范也可能不同。洪泛区或历史保护区可能有额外的规定。有些街区对建筑高度及建筑材料，甚至是油漆颜色都有规定。同时还要注意材料、设计对环境的影响。

虽然更换灯泡或其他灯具并不需要获得官方许可，但是自行安装复杂电路可能会有安全隐患。即使当地的建筑法规不要求电工工作必须由有执照的专业人员完成，没有执照的电工做的工作也要经过建筑部门检查。为了避免不必要的麻烦，一开始就应该聘请专业人士。

在将壁炉作为客厅的视觉焦点之前，一定要确保炉子符合国家环保标准及其他相关的安装标准和安全规定。

不管装修的范围以及规模有多大，最好咨询专业人士的意见。网上的装修视频并不能解决所有问题，一定要与有经验的承包商和装修工人合作，他们熟悉当地的建筑法规。如果装修团队与建筑检查员的关系良好，将有很大的帮助。

不同国家的床垫尺寸不同吗？

不同国家的床垫尺寸也不同。装修卧室时，记得规划床垫和床架的空间。

美国和加拿大的标准床垫尺寸是多少？

单人床垫：97厘米×191厘米。

双人床垫：135厘米×191厘米。

大号床垫：152厘米×203厘米。

特大号床垫：191厘米×203厘米。

厨房厨柜的标准尺寸是什么？

购买预制厨柜时，你会看到各种各样的厨柜。

底柜：不带操作台面的底柜的标准高度为88厘米，带操作台面的底柜的标准高度为91厘米。柜脚的高度为11厘米。底柜的标准进深为61厘米，宽度在23厘米到119厘米之间。现在最流行的宽度为76厘米和91厘米。

上层厨柜：标准高度为76厘米、91厘米或者107厘米。标准进深为30厘米。有些厨柜的进深可达61厘米，以便放置冰箱或者壁挂式烤箱。

许多厨柜厂商可以根据客户的需求定制厨柜，加价也不是很多。

美国标准浴缸有多大？

美国标准浴缸的长度为152厘米，宽度在76厘米到81厘米之间。如今，浴缸有许多非常规的形状和尺寸，从舒适的角落浴缸到带壁龛的小型浴缸，再到超大的独立式椭圆形浴缸，各式各样。

在哪里可以找到环保油漆以及含铅油漆的信息？

美国环境保护署（EPA）的官网（www.epa.gov）上有识别环保油漆的指南可供参考。

装修1978年以前建造的美国房屋，可能会产生含铅的油漆灰尘。装修之前要检测油漆的含铅量。市面上有家用含铅量检测设备出售。请查看美国环境保护署官网上关于含铅油漆的建议。

必须雇用拥有从业执照的电工吗？

自行安装复杂电路可能会有安全隐患。即使当地的建筑法规不要求电工工作必须由有执照的专业人员完成，没有执照的电工做的工作也需要经过建筑部门检查。为了避免不必要的麻烦，一开始就应该聘请专业人士。

《美国国家电气规范》规定了美国大多数州的接线方法和材料。例如，要求浴室、厨房和车库里的所有插座都配有接地故障漏电保护器。美国国家电气规范委员会每

3年修订一次规范。

《加拿大电气规范》负责加拿大的标准。

IP 防护等级标准和 NEMA 标准的区别是什么？

IP安全防护标准是一项国际标准，针对的是电气设备对灰尘和潮气的防护等级。美国居民可以在手机、平板电脑以及其他手持设备上查看这一标准。在美国，国家电器制造商协会负责制定电气设备外壳防护标准。IP安全防护标准和NEMA标准并不是相同的标准。NEMA标准除了防水、防尘标准，还包括其他IP安全防护标准未包括的内容，如结冰条件下电器设备的性能、危险区域的电器外壳防护以及电缆连接的脱扣等。

在美国和加拿大安装柴火壁炉需要注意哪些事项？

加拿大和美国对燃烧木材的壁炉的规定比英国更严格。

安装壁炉之前，要请有执照的烟囱清洁工检查烟囱和烟囱衬壁。（一些1900年以前建造的房屋有不带内衬的烟囱）。烟囱应该比屋顶高至少91厘米。清洁烟囱的费用比较高，做预算时要将这部分费用考虑进去。

接下来要说说壁炉。不管曾祖母留下来的富兰克林火炉有多好看，也请将它丢到废金属回收站去。这种炉子是污染大户，而且可能很不安全。购买新炉子时，要注意查看背面的EPA认证。在木材热源组织(Wood Heat Organization)的官网(woodheat.org ）上可以找到大部分与在家中负责任地使用木材有关的问题的答案。美国环保署的网站上也有很多有用的信息，链接为：www.epa.gov/residential-wood-heaters。

想了解加拿大有关木材作为热源的规定，请参考加拿大环境部长理事会（CCME）官网（www.ccme.ca）上的相关说明。

致谢

Acknowledgements

非常感谢我的代理人简·特恩布尔（Jane Turnbull），她解答了我对图书出版这一神秘世界的各种疑惑：谁会买这本书？我该怎么做才能让读者购买？什么时候才有答案？从哪里找信息？怎样才能获得这些信息？也许她已经看过这本书了，我想，她一定明白我的想法。

还要感谢亭图书出版公司（Pavilion Books Company Ltd）的所有工作人员。他们的辛勤工作让这本书成为我上一本书的完美搭档，也实现了我的愿望。还要感谢我的编辑史蒂夫（Steph）和克莉丝（Krissy），以及出版总监凯蒂（Katie）和设计师劳拉（Laura）。

特别感谢阿比·里德（Abi Read）。没有他精美的插图以及无数次的讨论，这本书就不可能完成。

我喜欢这本书的颜色。它让我想到了亭图书出版公司办公楼附近的罗素广场地铁站的瓷砖。这可能在潜意识中影响了我的选择。我还要感谢英国版《住宅与庭院》杂志（House & Garden）的副主编大卫·尼科尔斯（David Nicholls），他帮我解决了困扰我许久的书名问题。

如果没有你们——我可爱的读者们，这些感谢就没有任何意义。感谢你们从2012年起就一直支持我的博客（在互联网世界里，博客好像是很古老的事物）。你们源源不断的问题构成了本书的基础。我对你们提的每一个问题都非常感激——即使只是问我的猫伊妮德（Enid）什么时候会开通它的Instagram账户。

我不仅感谢网友，还要感谢现实里的朋友。如果没有汉娜（Hannah）的陪伴，健身房就没那么有趣，虽然那样健身的效率更高。还有塔尼亚，我一直和你讨论颜色及设计问题。还要感谢卡隆（Caron），他现在不得不在周一也工作。也要感谢彻丽（Cherry），我们要多见面。

尽管这些友谊源自网络世界，但如今在现实生活中，我们也是很好的朋友。因此，我要感谢比安卡·霍尔、莉萨·道森、卡伦·诺克斯、金伯利·杜兰和塔尼亚·夸克（Tania Quirk），他们都为本书贡献了自己的智慧。

当然还要感谢我的朋友——播客主持人兼首席记者索菲·鲁宾孙，她是欢乐和知识的源泉。感谢凯特·泰勒（Kate Taylor），她知道如何在我们太吵闹时约束我们。

最后，我要再次重复上一本书的结束语。我不确定这几年情况是否发生了变化，但是和上一本书一样，本书也必须感谢那些无法构建专属装修故事的无房者们。和许多大城市一样，伦敦不断地提醒人们有房者和无房者之间的差距。在过去的2年里，我每个月都向一家流浪汉慈善机构捐款，希望尽自己的绵薄之力，并且提醒自己对所拥有的一切心存感激。也许读者中也有人愿意向慈善机构捐赠物品，希望他们在某个时候、某个地方也能有机会拥有属于自己的家。

关于疯狂家居的更多信息

更多关于室内装修设计的灵感，请见我的第一本书《疯狂家居：如何时尚地装饰自己的家》。

Instagram 账号 @mad_about_the_house、博客 www.madaboutthehouse.com 和播客 The Great Indoors 上有我的最新消息，请大家多多关注。

播客 The Great Indoors 关注所有室内装修设计的内容。在每集节目中，我和主持人索菲·鲁宾孙一起讨论最热门的家居话题，为听众提供最前沿的家居信息。

图书在版编目（CIP）数据

自装不翻车 /（英）凯特·沃森－史密斯著；红霞译
. — 北京：北京联合出版公司，2022.8
ISBN 978-7-5596-6255-2

Ⅰ.①自… Ⅱ.①凯… ②红… Ⅲ.①住宅－室内装
修－基本知识 Ⅳ.①TU767

中国版本图书馆CIP数据核字（2022）第119126号

北京市版权局著作权合同登记　图字：01-2021-6844 号

Copyright © Pavilion Books Company Ltd 2020
Text Copyright © Kate Watson-Smyth 2020
First published in the United Kingdom in 2020 by Pavilion Books Company Ltd,
An imprint of HarperCollins*Publishers*，1 London Bridge Street，London SE19GF

自装不翻车

作　　者：（英）凯特·沃森－史密斯　　　译　　者：红　霞
出 品 人：赵红仕　　　　　　　　　　　　出版监制：辛海峰　陈　江
责任编辑：徐　鹏　　　　　　　　　　　　特约编辑：王世琛
产品经理：贾　楠　周乔蒙　　　　　　　　版权支持：张　婧
封面设计：❀lemon　　　　　　　　　　　 版式设计：❀lemon　陈佳玲

北京联合出版公司出版
（北京市西城区德外大街 83 号楼 9 层　　100088）
北京联合天畅文化传播公司发行
天津丰富彩艺印刷有限公司印刷　新华书店经销
字数 166 千字　710 毫米 ×1000 毫米　1/16　14 印张
2022 年 8 月第 1 版　　2022 年 8 月第 1 次印刷
ISBN 978-7-5596-6255-2
定价：68.00 元